U0025001

全台霧眉紋繡

十大頂尖名師

十個紋繡品牌故事

十位職業紋繡師

帶你全面認識

紋繡行業的創業哲學

目錄

推薦序

財富自由：月入百萬的夢幻職業

光鮮亮麗的背後，你不知道的事

任何行業的成功必然需要持之以恆的決心，再者就是創新與學習。沒有什麼是一蹴即成或一成不變的，時代發展遠比我們感受的快，不思進取的行業終將成為過去式。而近幾年來，隨著半永久紋繡產業的強勢崛起，越來越多年輕人、二度就業婦女等待業者選擇進入這個行業闖蕩。也許因為這是一個與美麗息息相關的職業，而愛美之心人皆有之，很多人只看到這個行業的表面，以為動動手就可以輕鬆賺到很多錢。因此有許多人花光了自己的積蓄，甚至放棄原來穩定的工作來學習半永久紋繡。直到最後才發現，自己除了技術以外什麼都不會，甚至連技術都只能算一般而已。又或是經過一番苦修終於練就一身好本領，卻因為不懂如何營銷及經營、拓展客源而白白埋沒了天賦與努力。

提昇核心技術是基礎水平，綜合實力卻是硬傷

S 老師秉持著信念幫助更多美業人找到自己的方向和價值，這些年來無論在國內或國際的發展合作上，S 常常有感於台灣的美業人員技術普遍在水平之上，卻往往敗給了其他外在因素。這麼多年的紋繡培訓教育經驗看來，美業人無疑是好學的，卻常會陷入技術專業迷思。事實上技術能力是最基本的要求，提

昇其他綜合能力才是決定是否出線的機會。也因此，在你觀望是否入行之前、在你迷茫是否成功獲利之前，不妨停下腳步檢視自身綜合實力。

正所謂前人種樹後人乘涼，埋頭苦練技術之外，產業裡的菁英老師們絕對有你值得學習模仿的價值，正如同本書介紹的十位優秀名師，成功絕非偶然，他們走過的彎繞皆是不斷地磕碰調整之後產生的智慧結晶。幸運的是，人生的智慧並不一定得從自身歷練得來，能夠借鏡別人的經驗更是一種有效率的成長方式。在本書裡總有一個故事或一句話能打動你的心，抑或是啟發不同靈感的可能性。工作之外閒暇之餘，不妨多多學習、多多閱讀、多多了解，總歸是益處多多的。

敬所有勇敢造夢又充滿執著信念、而且十八銅人般才華橫溢的你！美業的「坑」絢麗又迷人，就像是致命情人般讓人難以自拔地愛上！這裡充滿了挑戰，這裡是個實現夢想與成就自我的地方。

讓我們陪伴彼此、一起加油吧！

『所謂創業這件事，就是轟轟烈烈地造夢再沉著穩建地實踐。多數人都不了解自己擁有的天賦和機會，掌握其中關鍵的人往往走得更長遠 。』

全球美容產業協會 理事長
-SHARLENE 黃郁淩

推薦序

紋繡可以改變一個人的神韻與氣色
而紋繡師背負著對客人負責的使命

根據《考古科學期刊》（Journal of Archaeological Science）紀錄中確證最早擁有刺青的人類是約公元前 3370 年的冰人奧茨（Ötzi the Ice Man）。紋繡是遠古「刺青紋身」的演變，已擁有萬年的歷史，古時候的人們為了象徵力量與信仰、標示宗教與部落的信念，同時還可以美化自身，於是使用尖利的物體刺破皮膚，並塗上有色植物的液體，形成穩定的圖案；這就是古代的刺青術，也是「紋身」的由來。發展到今天已成為一門健康的藝術，隨著科技發達與時代的進步、產品的進化與不斷升級的技術，成就了今日既時尚又大氣的紋繡專業技術。

女為悅己者容，「美是女人最大的資本」，當客人把最重要的面子交給紋繡師，紋繡師接手的瞬間就是要對客人負責。當一個紋繡師把客人變美變精神的那瞬間，就證明了他的功力，紋繡就像變魔術一樣，人美了自信就有了。

感謝以利文化提供了一本美業人都該擁有的一本書，內容不僅有每一位優秀紋繡師的豐富經驗，更是一本紋繡參考書，包含觀念到技術以及店家經營與訂價策略。如果您正準備踏入美業，「全台霧眉紋繡十大頂尖名師」值得您入手收藏與細細品味。

IBEA 國際美學評鑑協會
秘書長 劉育君 CELINE

BEAUTY WANG ART STUDIO

王美人
藝術工作室

”

一絲不苟、美感與自律共存的
紋繡實踐家

創立紋繡事業已然五年，美人老師在不惑之年才踏入美業領域，在這個需要大量用手的行業中，用著因疾病而萎縮的雙手、堅定的意念，走出屬於自己的一條路。不僅是「裸唇」紋繡技術的先驅，更以優異的競賽表現與敏銳的心智，在紋繡界中闖出自己的一片天。

關於
王美人藝術工作室
創辦者介紹

「王美人」的取名由來其實很簡單，只是很單純的認為被稱作美人會覺得很開心，又覺得這個名字朗朗上口、接地氣，且一聽就會記得。在事業初期、甚至工作室尚未創立之前，美人老師就已經在工作閒暇之餘進行多項藝術創作，並且在朋友介紹下學習美甲，但由於不想被侷限在特定領域中，以及本著「把別人變漂亮」的想法，漸漸踏入美業。一份無心插柳下產生的咬唇妝，使她正式進入紋繡的創業版圖。沉浸於藝術洗禮的美人老師決定正式成立「王美人藝術工作室」，Logo 中的貓咪頭像則是美人老師的愛貓。

美人老師創辦工作室初期，紋繡市場已經小有發展，但繡唇這個領域卻很少人願意涉足；繡唇的技術雖早早就出現，但從來沒有被好好的推廣。在技術端上，坊間的了解也參差不齊、不夠成熟、不夠完整。由於使用傳統技術繡唇的店家做出的嘴唇看起來不太真實、偏向粗糙質感，她形容：「就像油漆的假面感」，因此在客戶端上會產生不甚滿意的既定印象。

而當初美人老師會選擇此難度較高的項目，是個性使然。從小她就喜歡挑選難度最高的事情來做，「如果那麼難做我也能做得起來，那我就是台灣嘴唇做得最好的人。」憑藉天賦與努力，美人老師繡出自然的嘴唇，也自創了裸唇感。此技術也不是無來由，她認為沒有人會覺得嬰兒的唇色不漂亮，且大部分的人去做醫美，也不太想被發現，本著這樣的觀念，她做出來的紋繡成果彷若天生，在日後，也帶領了一股裸唇感紋繡風氣。

圖｜創辦者——王美人

王美人的招牌特色

來找美人老師紋繡嘴唇、眉毛、眼線的客人很多，不過她繡唇的名氣最響亮。技術不會停留在舊有階段，而是隨著流行以及客人的需求而產生變化。在繡唇之前，美人老師會為客人做最詳細的評估、給予最專業的建議。如歐美唇一定程度的擴唇效果，能夠改善因膠原蛋白的流失而導致嘴巴呈現乾癟內縮的狀況，讓嘴唇有打了玻尿酸的感覺，因此可以在不做醫美的情況下使嘴唇更澎潤。年紀較輕或是有些年紀的客群，則偏好有妝感的唇；而東方人較容易有黑色素沉澱、產生黑唇框，美人老師能夠幫助此種黑唇變得更乾淨，愛美不分性別，長期抽菸的男性也很容易變成黑唇，因此男性客人也很多。繡唇最難的就是顏色控制，在顏色的掌握上要非常精準，因此這也是為何新手紋繡師入行容易卻難以持續的原因。

美人老師可謂台灣裸唇紋繡的先驅，她形容裸唇技術「有形無痕、沒有邊框」，初期發展此概念的時，她常受到前輩質疑，過淡的顏色是源於留色度不好。她卻堅持此理念：「不要去想像嘴唇應該要是什麼顏色，沒有人會說嬰兒的唇色不好看，乾淨的唇就是最漂亮的。」

繡唇之外，美人老師在皮膚管理療程也是歐洲學院的大師，因此也常幫客人處理問題肌、痘痘肌、酒糟肌、皮膚坑洞等。與醫美不同，操作完皮膚管理療程的皮膚狀態依然是健康的，經過多次操作後皮膚也不會變薄，甚至看不出是治療過的皮膚。

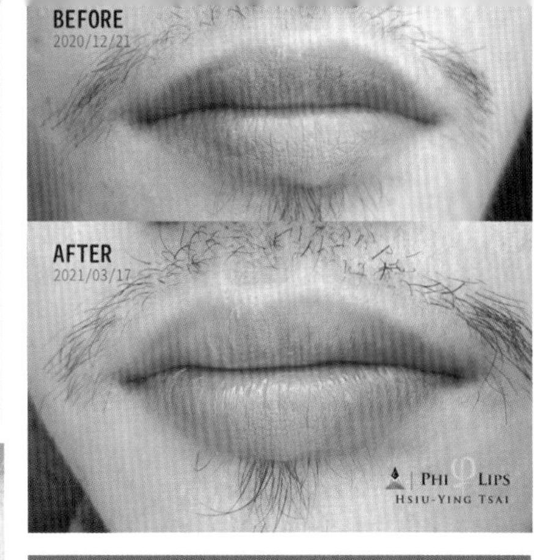

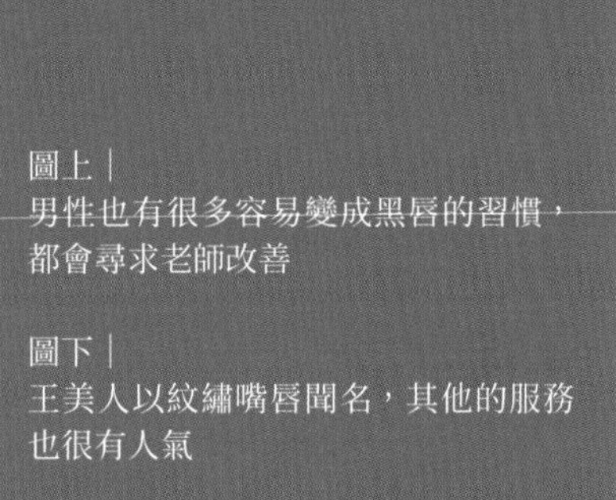

圖上｜
男性也有很多容易變成黑唇的習慣，都會尋求老師改善

圖下｜
王美人以紋繡嘴唇聞名，其他的服務也很有人氣

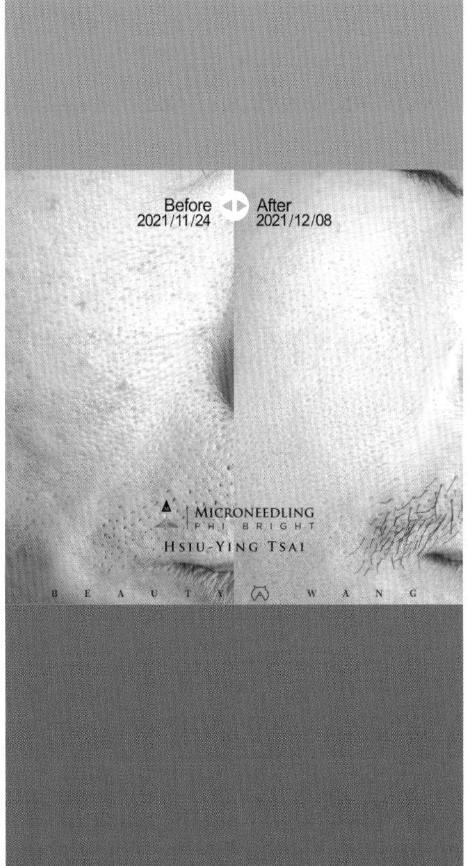

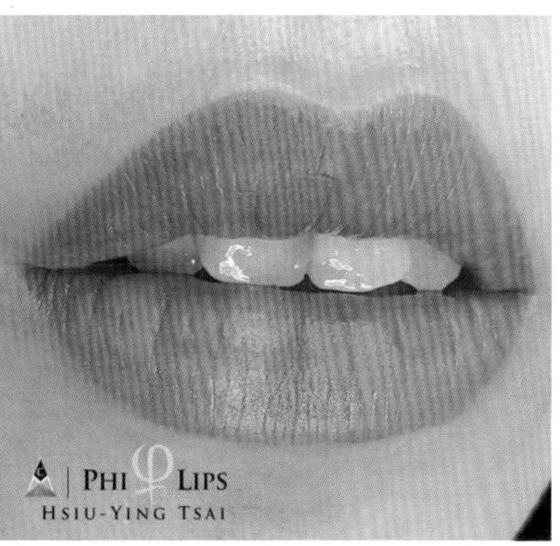

考取國際證照的心路歷程，從比賽比出一片天

在疫情嚴峻的情況下，王美人克服課程的艱難與語言不通，成功獲得 PhiAcademy 認證，成為了亞太華人區首位 PhiContour 國際大師，不僅成功的讓台灣在國際紋繡市場上嶄露頭角，在成為 PhiContour 合法講師後，更不斷地精益求精，陸續取得 PhiLips、PhiShading、MN PhiBright、PowderBrows 等大師資格。

圖左｜王美人遠赴羅馬取得大師認可
圖右｜王美人擁有多項國際大師資格，學生眾多，競賽作品屢獲佳績

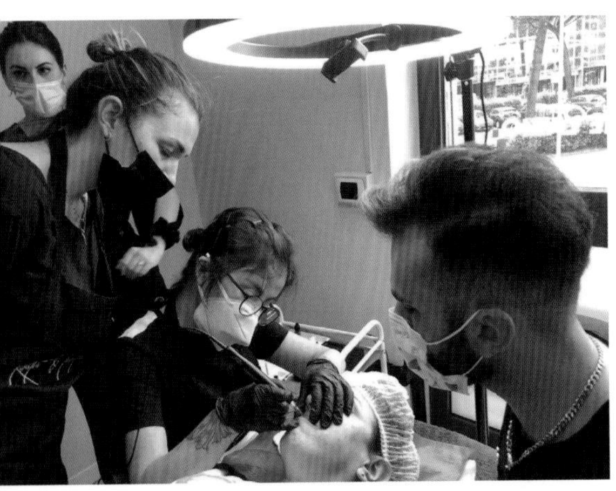

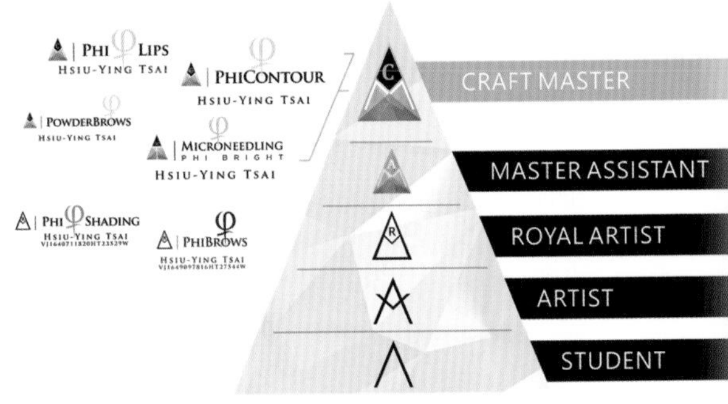

王美人在某次機緣下接觸了 PhiAcademy，一間聞名全球也是歐洲最大的紋繡學院。學習的歷程中，吸收歐洲學院的精髓、也融會貫通，結合適合使用在東方人面容的技法，才成就了現在的她。過程很辛苦，只能透過不斷練習來加強技巧，但個性不服輸的她，總是將事情做到完美極致。其實美人老師在台灣只有參加過全科班、看步驟學習，從來沒有拜師過。從五年前開始教學，一路上看過許多紋繡教學的生態，剛入門的學生不知道要找哪位老師，多半是從朋友介紹或看價格入手，慣性找便宜的學，因此很難在一開始就得到好的教學資源。

美人老師在成為 PhiAcademy 大師之前，在台灣已是享有聲譽的老師，但為了尋求更好的技術，2019 年她突破自己，隻身前往杜拜。不會英文的她又因病症，帶了太多藥而被海關關進小房間，縱使緊張焦慮，她也冷靜地克服此如關頭。到了上課地點又因種族、語言問題受到歧視。但是老師在第一天就發現她天賦異稟，請現場學生來觀摩她的作品，很快眾人就被她的技術折服，她笑著形容：「那時候就像皇帝選妃，要挑誰做作品都可以。」縱使有語言上的障礙，她的領悟力絕佳，看到影片與照片就能慢慢滲透其中的技法。王美人在短短四天的現場課程中就得到老師核可，成為學院中第一個上完現場課程、還沒有進行線上六個月的訓練，就得到晉級資格的人。

學習的心不會停止。2021(110 年) 二月疫情趨緩，王美人計劃再次前往杜拜認證大師資格，卻在要去的前幾日得知台灣將杜拜歸為警戒國家、不得前往。大師之路一直受到疫情的耽擱、過程實在是一波三折，第二次她按捺不住，只得在五月疫情最嚴重時前往羅馬，找了當時的老師、現場演繹自己的作法，最終獲得了成為大師的認可。此時，她才終於覺得自己達成人生目標。如今，她將外國的課程中文化、在地化，讓更多學子不必出國，就能學習到最專業的課程。

拿到大師證照後，她的生活依然忙碌，學生、課程依然很多，但擴大了視野，看的面向更宏觀，因此上課也時常跟學生分享，要多看看國外、了解別人的技術與心態，才會知道哪裡不一樣。她認為外國人很重分享，喜歡、討厭都很直接表現，同時也會很真心的誇獎對方，因此她的人生觀也產生很大的改變。如今面對競爭對手的批評與攻擊，美人老師選擇一笑置之，因為生命中有更重要的人需要她來守護。心境寬廣了，一切就能更坦然面對。

圖下｜
學院徽標 (PhiAcademy Logo) 具有金字塔式等級之分，越往上層代表技術功力越高，每一級別都各有需要達到的技術境界。大師等級 (CRAFT MASTER) 是學院授權可開班授課的唯一等級，如圖示，目前美人老師已取得學院 4 項大師頭銜與 2 項準大師 Craft Master

打造浪漫優雅
歐式美學店

王美人藝術工作室的裝潢屬歐式設計，在地磚、燈具、紗簾、擺設的選擇上都是經過精雕細琢的，牆面放置著自己畫的壓克力風景畫。小至門片、門把，甚至任何一個扣環，每個細節都有著美人老師的小巧思。她時常在工作室中點一盞放鬆的淡雅香氛燈，讓每位客人都覺得如夢似幻，彷彿可以拍婚紗照那樣的美，她笑談：「一開始有客人進來覺得很貴氣，怕弄壞東西，聊過天就覺得很自在，像回自己家。」

電動床的床墊很軟並且可以升降、調到客人喜歡的角度，也方便看手機，舒適度很高，身體有疾病、無法躺平的客人，也可以運用這張床調整舒服的角度，因此雖然要價不斐，王美人卻覺得很值得。

圖｜
王美人藝術工作室的環境瀰漫著歐式的典雅浪漫

Certificate

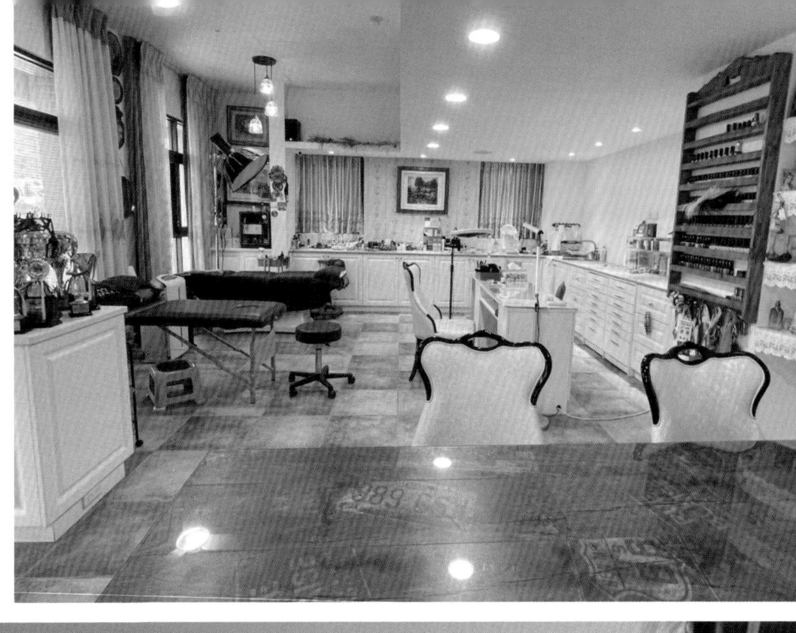

自律的時間規劃

王美人的工作室在三樓，先生則在二樓做生意。她做的時間分配，是留下早上的時間幫忙先生，下午則開始自己的紋繡工作，她認為從進入家庭以來，一直以家庭為重，但當孩子大了、先生事業有成，她就開始思考自己的定位，也想要有經濟的支配權，她的手足也有兩位是殘障人士，因此也很想用自身的力量，幫娘家盡一份心力。

每天要做兩份性質完全不同的工作，卻還是可以完美劃分，早上還能抽出時間去健身房，「每個人一天都只有 24 小時，要規劃每個階段要做的事與進度，每晚也要預設明天的進度，時間到就要起床不要拖延，事情沒做好，就很容易對自己說謊、對別人說謊。」美人老師用自律與堅定控制所有的信念與行為。

圖左｜
王美人對於藝術有著高敏銳度，也能透過這個觸角達成不同的紋繡需求

圖右｜
從八歲患病至今，人生路上有許多風霜，王美人卻從不灰心喪志

接觸紋繡的生命契機

王美人從八歲就罹患類風濕關節炎、有殘障手冊，雙手無法跟常人一樣靈活使用，每天要吃類固醇、每月都要到醫院打點滴，並且很容易得蜂窩性組織炎，蚊子一咬就不得了，她調侃自己：「急診室根本就是我家。」因此從事紋繡自然比一般人更費力，但是她始終秉持著這樣的信念：「當你想要做好一件事，就會盡力完成。」去年才從夜大畢業的她今年又念了碩士班，活到老學到老，學習與賺錢同等重要。

初次接觸美業是從美甲開始，因為單純覺得生活圈小、想交朋友。會接觸紋繡則是由於七年前的意外，因為重大壓力掉光頭髮，王美人有兩年的時間沒有頭髮也沒有眉毛，只能戴帽子與髮套修飾，當時美業的朋友幫她做眉毛，但後來成果很慘，眉毛落差很大，又花了兩年洗掉被做壞的眉毛。本身很愛漂亮的她覺得一切是雪上加霜，她形容那是自己人生中最黑暗的時期，但也很快就走出來。隨即她又轉念一想，紋繡真的有那麼難？因此就去上了紋繡課，學完之後她認為沒有想像中那麼難，良心與美感才是最重要的，她也領悟到：「如果學紋繡只是想賺錢，一切出發點以錢為重，我不認為能做好紋繡；如果兩者比重一樣，那還是可以做好，但如果願意把紋繡的成果看得比錢還重要，那必然可以做好這門技術。」這也是她後來上課常跟學生傳達的理念。

在那段黑暗的時期中，王美人一直保持樂觀正向，也因為自己的經歷體認到，生病時心情不好，會因為煩惱而讓外表的狀態看起來更不好，這時如果有人願意伸出援手，幫忙紋繡眉毛、改變唇色，這些病患或許會因為外表變好看而更有自信、眼神也會更有光彩。

對美業的一片赤誠，
從紋繡改變客戶的人生路

由於人生閱歷多又很健談，王美人的客群很廣。也有不少LGBTQ 族群前來，她形容：「他們都比女生愛漂亮很多耶！其實只要愛漂亮的人，都是我的客群。」由於王美人接觸美業的時間不算久，草創時沒有認識很多人，不過她透過比賽比出名氣，又加上咬唇妝驚豔全網。草創沒多久，就有穩定的客源直到現在，在 Dcard 也有很高的辨識度。有許多客人推薦她，不過她的個性實在，不願意將作品修圖，也無法接受宣傳、業配，「如果有客人想要便宜，用推薦或業配來換，我不會答應，但若是客人的經濟能力很差，很想透過紋繡改變樣貌，那我會很願意給他折扣。」她也曾經主動幫路上的漂亮女孩免費紋繡，原因無它，就是認為這樣美麗的外貌，少了紋繡的加持很可惜，對於紋繡與美感追求，王美人的內心有著一份熱忱。

曾經有一位廚師前來，當時他長髮及腰、滿臉落腮鬍、皮膚狀態不好、嘴唇極黑，視覺印象看起來很衝擊。不過客人解釋常因外表而被誤會所以很困擾，才會想來紋繡，經過了解，她發現這位客人完全沒有不良嗜好、也觀察到廚師的雙手很乾淨，確實連菸垢也沒有，在改完唇色後氣色變得很好。後續持續操作皮膚管理療程後，這位廚師的狀態越來越好，也徹底改變了他人對他的外在評價。

曾經一位年輕女客人，黑唇、深唇紋，就像老年人的嘴唇，不敢讓男友的家人來提親。在做完唇之後，就邁向結婚生子的路程，她發現在她的紋繡路上，還碰過許多這樣的例子，紋繡不只可以找回自信，甚至還能改變人生。

圖上｜用紋繡改變客人黑唇，創造他們未來的幸福藍圖

圖下｜王美人認為紋繡技術得凌駕於材料之上，才能揮灑自如

技術凌駕材料，不被材料所奴役

材料的選擇上，王美人一定使用有檢驗報告、經過認證的產品，如果是台灣的經銷商，SGS 是最基本的。王美人也用歐洲學院經歐盟認證的材料，她最在意色料的自然呈現度與留色度。不過色料要如何揮灑自如，她也分享經驗：「要看紋繡者的技術，要有能力從中做調整，每個人的眼睛弧度都不一樣，像眼線也可以做出假睫毛調整大小眼的效果，因此技術一定要凌駕在材料之上，要能控制手上的材料，不要被材料控制住，這樣怎麼做都能好看，哪天材料斷貨了才不會造成困擾。」她打了個比方，2019 年她就曾被菲律賓貴婦團包走，「如果每次出國做紋繡，到了當地才發現色料不夠或沒帶，那難道不做了？」因此她認為必須控制材料，如果一般材料也能做出很好的技術，那就能隨心所欲了，「好的東西就是昂貴，我自己也討厭用爛東西，所以要給客人用最好的。」她強調自己會使用很好的色料，是為了讓客人有保障，但不是每一個紋繡師會這麼做的。

要說各種紋繡材料，其實她這裡應有盡有，除了會買來研究、也會有廠商寄來試用，但是王美人認為身為一個優秀的紋繡師，只要有幾種色料，就可以調出各種顏色，她也說明色料好就是顯色度有差，但是呈現的結果還是要靠技術決定，很多標榜很好上色、留色率高的色料，色料就放很重，如果是不會掌握輕重度的新手，就可能做花掉，看起來深淺不一；如果用到留色率低的，新手也可能上不了色，所以最終還是技術決定一切。

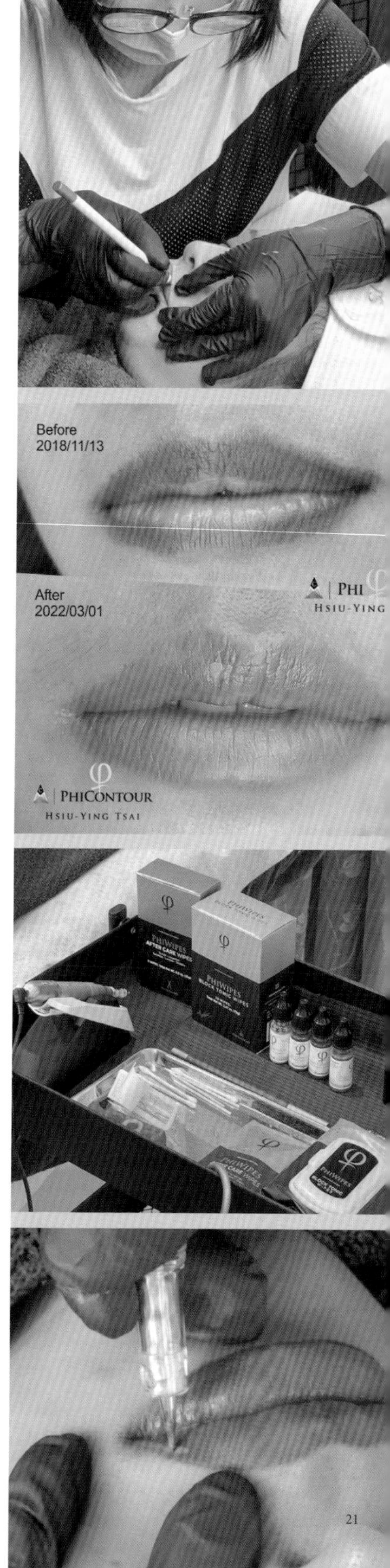

Q 如何經營客人？

除了環境要好、技術要好，也要真心替客人想，不要一直推銷，要建議客人真正需要的，我都會讓他們先看實做的範例，有想做再跟我說。

Q 一路上有碰到貴人嗎？

我的貴人就是我先生。

Q 身體疼痛時怎麼工作？

我只要下定決心做某件事，就可以壓下身體的痛去做，像我去年去羅馬前，其實得了蜂窩性組織炎，手腫很大又住院，但我已經安排好了，就自願出院，拿著報告火速衝到機場，完成我的目標，而且我也從來不取消客人的約。

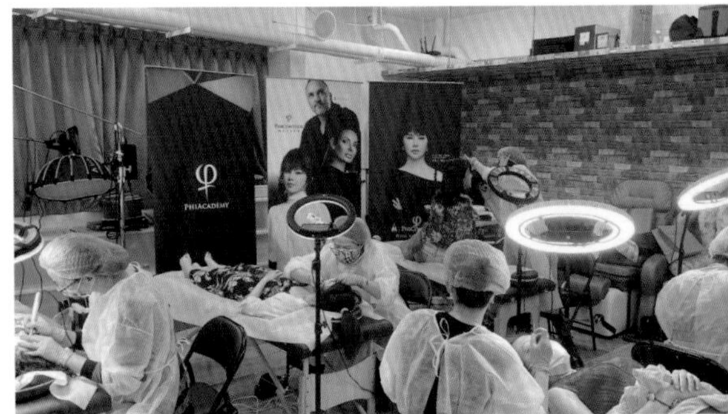

實踐善念，將紋繡投注在社會公益的版圖中

王美人坦言，認為自己已經邁入 50 歲，看得也多了，人生走過許多風風雨雨，會很想用自己的生命歷程勉勵那些失意、狀態不好的人：千萬別灰心喪志，要保持正向與樂觀，她也表示如果未來有癌症、免疫系統疾病或是重大病症，又是中低收入戶，她會很樂意為他們做紋繡，讓他們更漂亮，也藉此重拾自信。

未來，她會想把教學做好，更想要做公益。幫助重症狀況很不好的病患，讓他們做完紋繡後，照鏡子也可以很開心，有更多力量去抵抗病魔，實行力很強的她，目前已做簡介去醫院推薦自己，她形容對這個區塊是前所未有的認真，目前都還在規劃中，她認為自己也是每天吃藥的病患，如果能做好自己的紋繡，從自身的經驗出發，那自然可以為這些重症患者，做出很好的紋繡結果。

被問到是否想展店？王美人提到以前曾經有新加坡的老闆在做完眉毛之後，認為她的韌性十足，技術也很精湛，訝異道：「妳竟然能從頭到尾維持力道一致！」因此想要投資她另外開店，不過她當時就婉拒了，因為要顧慮先生的事業，目前兩個事業體已經飽和，沒有心力再擴張，因此未來也不考慮展店，但會考慮在學生中找出人品不錯的人才提供資源，「人品跟技術，我選人品，至少忠誠度要夠，勤勞與否也是要考慮的，如果學生中有沒錢，想要創業的，我可以幫助他圓夢。」她很願意出資提攜值得的後進開分店，而之後有任何美業的新技術，她也都願意嘗試引進。

圖｜
未來王美人將投入公益版圖中，
完成長久以來的夢想

美感之於紋繡
藝術之於生活

王美人認為從事紋繡要有很高的敏銳度，但後天也可以經過訓練養成。她在經濟還沒有很好的時候，就用了一半的所得送一對兒女去學畫畫，就是因為怕他們長大不會搭配衣服，也為了彌補自己童年的缺憾，小時候家境不好、家中有兩個手足都是傷殘，家中負擔很大，身上只有制服可以穿，高中讀了建教班，也還是沒有錢可以買好看的衣服，這個情況到婚後還是持續。因此她認為唸書可以不如人，但外貌與打扮不能、會影響自信，陪孩子學畫時得到的枝微末節，啟蒙了王美人的藝術理念，於是後來等經濟能力變好，她也開始畫畫，踏入藝術的領域後，她發現自己對型態與顏色的感覺有所不同，敏銳度也變高了，在這之後對於紋繡也派上用場，「眉毛的型態很重要，老師教你畫五種，你要會畫的不能只是五種，畢竟每個人都長得不一樣，要有能力做出適合每個人的型態與顏色。」

因此王美人在設計客人的眉毛或唇色時，會很仔細考量年紀、社經地位、感覺等，像是活潑與內向、歐美或日系，紋繡的風格就會有差異。她也很重視協調性，如果是年紀輕、比較柔和的上班族，可以做比較強勢一點的眉毛，但如果是主管或老闆級，就不適合做太強勢的眉毛，適合做柔和一點的，「你已經很有地位跟能力了，就不需要讓人知道你有多能幹，我們自己知道就好了。」她也會透過溝通技巧，讓客人了解自己適合的樣子。而唇色與型態上，她也跟客人形容過：「繡這個顏色，會讓妳的男人想親妳一口，那就成功了！」客人聽了很開心，也非常認同，都會回答：「那就讓老師來幫我設計唇色吧！」王美人因為家境窮困，從小就擅長察言觀色，可以說是看左右鄰居、親朋好友的臉色長大的，因此表達能力很好，但她的每個出發點，都是為了客人好，站在客人的立場想，又不能傷害對方，因此客戶都很愛與她聊天，彷彿變成客人的心理醫師。

Q 紋繡流行趨勢？

現在流行歐美眉毛、歐美唇、歐美眼線……這是一種新的說法，美業這一塊來得快去得快，跟服裝髮型一樣，淘汰與進步快速，現在流行線條眉，仿真毛流，嘴唇流行乾淨唇，這跟我一開始從業時的裸唇理念也有重疊到，原始就是最美的；眼線的設計是一門學問，東方人的眼皮容易一單一雙，眼睛看起來會一大一小，接睫毛可以調整，做眼線其實也可以，只要設計好，都可以解決。

Q 是否曾碰到同業危機？

目前是沒有，我的定價偏高，但我認為我的服務值得，因此客人都願意買單，目前我有接一些曾做壞的客戶，可能會有花唇、黑唇，膚色不均或是色塊問題，我也從來不在網上寫這些做推廣，因為我認為沒有人會想故意做壞，只是繡唇的難度就是比較高。像我做紋繡之前，會做很多功課，一定先細細看過客人照片：放大唇紋、判定膚質，見面後溝通到一個默契再下手。

Q 關於行銷？

之前有點抗拒自己宣傳，但後來被教育過就想通了，現在覺得網路行銷很有趣，像是如何下廣告、受眾，出國看到新奇好看的小東西，可以買回來代購，看到任何漂亮與美麗的東西，都可以透過這個方式，擴展無限可能，因此網路行銷是我未來想做的重點之一，等沒那麼忙碌應該會去上相關課程。

圖左｜流行是一時的，源自天生的自然感才是永恆的　　圖右｜王美人認為從事紋繡要有長足的規劃

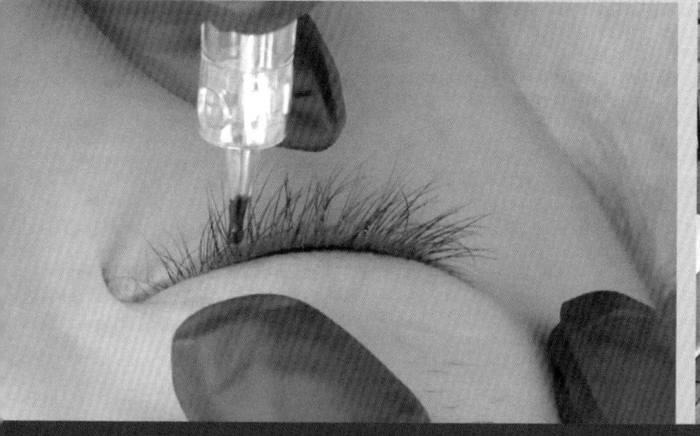

Q

如何維持自律工作熱忱？

定期運動可以緩解昨天的疲勞跟姿勢的不正確，一切都可以在運動釋放，我早起運動成習慣了，早上處理先生公司，下午一兩點開始工作，工時控制在五個小時。能夠這樣做，就是自律性要很強，我從一開始做就維持這樣，去年剛夜大畢業一直維持到六點半就休息。

Q

當初不做紋繡，可能會做什麼？

我會盡全力輔佐我先生，幫他壯大事業，但我出來做紋繡後，我先生的第二事業就自動泡沫化了（笑）。

品牌核心價值

王美人藝術工作室的創始人——王美人老師，在紋繡業界已富有聲名，不僅是 PhiAcademy 華人區首位 Master，在獲得大師稱號以後，患有肢體障礙的美人老師仍然致力於紋繡教學，鼓勵台灣學子們，不畏艱難地向世界闖蕩。

在學習時，美人老師突破手部的肢體障礙不斷的進修，如今不僅擁有「台灣唇后」的美名，更是目前台灣唇部紋繡界的先驅者，開啟了唇部應「乾淨、透、亮」的審美觀，只要看見客人滿意的笑容，一切都非常值得。

經營者
語錄

“

面對殘障疾患時，與其暗自懊惱，
不如學著與它共處，甚至將劣勢轉為自己
的一個特點。起步慢，也不用慌張、摔了
跌了再站起來就好，容忍錯誤並且從錯誤
中學習。比起想像未知，你更應該努力去
實踐自己的夢想，每天微小的努力，
經過日積月累，也能成為龐大的成就。
捉住希望，希望就是屬於你的。

王美人藝術工作室

公司地址｜台中市北屯區祥順東路二段 98 號 3F-1
聯絡電話｜0921 393 461
Facebook｜王美人藝術工作室
Instagram｜@beautywang_phi
官方網站｜https://beauty-wang.com/

Bonnie
韓式半永久紋繡

”

喚醒快樂與自信的
紋繡藝術

「Bonnie」在蘇格蘭有「美麗」的意思，起初來源於法語「好的」，西班牙意思也是「漂亮的」，創辦人邦妮為品牌取名「Bonnie 韓式半永久紋繡」，也鎔鑄了所有美好的寓意。

Bonnie 韓式半永久紋繡

關於
Bonnie 韓式半永久紋繡
創辦人

邦妮

「Bonnie 韓式半永久紋繡」創辦人邦妮，本身為美業家庭出身，從小耳濡目染、擅長繪畫，對美的事物特別敏銳執著，高中及大學就讀繪圖設計相關科系，擁有多張相關證照，從事紋繡行業至今已將近四年，曾親赴韓國當地取經紋繡技術，由韓國美容協會會長、韓國亞洲區技術總監、韓國台灣地區分校頒發多張韓國美容機構結業證書，並榮獲韓國當地媒體報導，受過眾多專業彩妝護膚訓練。

邦妮花了許多時間磨練技術，從韓國回台後也與許多知名老師進修學習，將各家手法的優點，融會貫通成為她自己的獨家手法，每年也隨時間不間斷的更新技術與資訊。除了紋繡「霧眉、飄眉、眼線、紋唇」以外，她也學習「韓式無痛清粉刺」、「日韓美睫」，增加客人的再訪率，延續永續經營的理念；在經過每年多次進修交流，以及實際操作上的經驗後，她去蕪存菁彙整出一套獨家技術，經過改良的「輕奢仙霧眉」，打造淡淡薄霧的妝感、自然的漸層眉型深受客人喜愛，由於沒有明顯尷尬的修復期，一直是店內的熱門項目，對邦妮而言：細心謹慎的態度是紋繡師基本的素養，因此以專業的態度細心聆聽，以客人的角度為出發點， 一直以來，都能做出客人心目中最漂亮又滿意的作品，又本著紋繡的熱誠與網上的粉絲互動，生意穩定，因此口耳相傳的好口碑，就是邦妮的活招牌。

邦妮前往韓國當地的美容機構學習，最簡單的目的就是希望來到邦妮這裡的每一位客戶，都能美麗、帥氣。邦妮帶著全新的技術及時下最頂尖流行的美學服務客人，而這份「美麗」是花了許多心血淬煉而成的，邦妮形容，這項技術像魔法般，喚醒客戶本該要有的、最美的樣子，「讓客戶帶著滿足的笑容離開，是我的使命。」

圖｜邦妮擁有許多專業證書與證照，赴韓進修的她，曾被刊登於當地的媒體

注入溫馨質感與儀式感的空間設計

在邦妮創業初期時，是私宅工作室的形式，由於離捷運站有些距離，客人又時常迷路遲到，為了讓客人們方便前往，於是決定遷址；在 2021 年 Bonnie 韓式半永久紋繡終於擁有正式的店面，新地點選在捷運頂溪站附近，步行距離四分鐘，是橘線的軸心，從蘆洲、三重、新莊周遭都可以一線抵達，位置又在中正橋下，與北市只有一橋之隔、交通發達，無論是雙北的客戶，或是外縣市的客人們前往，都十分便利。

但由於店外沒有醒目招牌，加上網路預約客戶就已讓邦妮分身乏術，因此採取完全預約制，有人預約才會在店中，臨時前往店內也未必有人，因此 Bonnie 韓式半永久，在街訪鄰居的眼中，彷彿一家神秘的店。

店內佈置風格為韓系簡約風，以清新淡色系為主，選用大面積的米白色油漆及傢俱；米白色給人乾淨清新又溫暖的形象，在視覺上也放大了空間，讓客人進來舒適且沒有壓迫感，而裝飾可愛的粉橘色塊，則是呼應了品牌色系，讓色彩間彼此碰撞，顯得鮮明有特色，並用奶白的桌椅地板、原木色、綠植等第三色作為風格點綴，其它軟裝空間則是參考了許多設計師推薦清單，為紋繡環境注入質感。

很特別的是，邦妮的店有兩隻駐店貓，邦妮形容愛貓：「一隻是美國短毛貓，另一隻是米克斯三花貓，都還是少年少女，個性活潑、好動貪吃，都非常親人不怕生，我也在大門櫥窗加了懸吊貓台，可以讓主子們在上面放風看看窗外的人車。」因此喜愛貓的路人們路過，也會用手機記錄可愛的貓咪，有興趣的鄰居們也時常好奇地詢問服務項目。

圖｜
Bonnie 韓式半永久紋繡打造清新淡雅、
貓主子環繞的質感空間

關於邦妮的服務項目與素材進化史

Bonnie 韓式半永久紋繡專精於霧眉、飄眉、眼線、唇部紋繡，主打自然又精緻的妝感，甚至剛操作完親友也不會輕易發現，另外也有韓式無痛清粉刺的臉部保養服務。操作的材料是使用經過高標準、嚴格檢驗，且不含重金屬的色乳，因此癌症病人也可以使用。

邦妮在用料與器械的使用上，經過長足的考量，原先使用韓國 MTS 皮膚管理微針導入精華，肌膚當下立即保濕透亮，但後來邦妮就發現了缺點：臉上粉刺的顆粒感依然存在！於是 MTS 皮膚管理就默默被她冷凍，但在她內心深處一直保有想學清粉刺的念頭，因為在服務的經驗中，發現很多客人普遍都有膚況不好的狀況，有的大油田、敏感、有的甚至嚴重酒糟肌，後來邦妮轉換成「韓式無痛清粉刺」，使用震波導入精華，真正實現無痛清粉刺又有效的保養課程，也為店裡帶來了不少的業績，增加客人的回流。

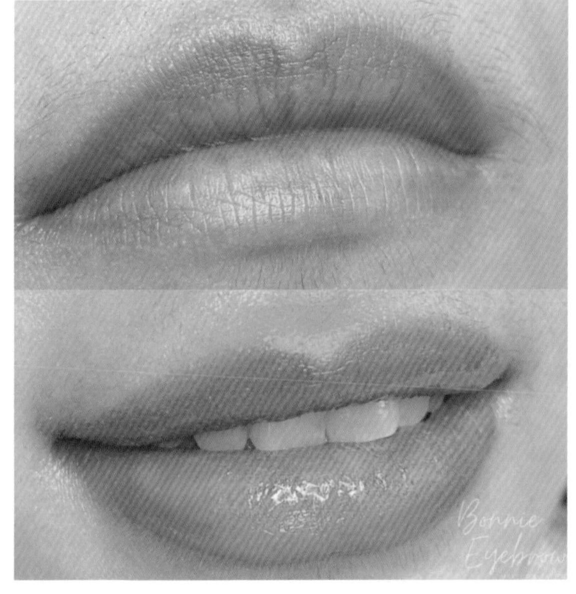

圖｜邦妮的紋繡重點在於自然精緻的妝感

透過紋繡，
助人邁向更好的生命藍圖

「畫眉毛一次10～15分鐘，一年下來光畫眉毛花費了60～91小時。」邦妮回想自己每年的工作時間，這驚人的數字是她每日犧牲睡眠所擠出來的時間，紋繡不僅僅是為了愛漂亮的人們存在，她認為：在現今社會中，生活步調快、睡眠不足是常態，女性化妝更是禮貌的表現，紋繡好看對稱的眉毛，不僅不必花大把時間早起梳妝、塗塗改改影響心情，也能一併改善生活品質，這樣多睡的時間都是賺到的，還能修飾面相五官、提昇運勢、改善人際關係；對於男性來說，則能提升事業運補財庫，邦妮認為：這世代免不了顏值上的比較，眉毛是五官之首，決定第一印象的就是眉毛，也是五官裡最好改變調整的部位。

而邦妮的作品普遍受到70~90出生的粉絲欣賞，她仔細回想：「這也許和現在年輕人習慣用Instagram搜尋、分享有關，默默轉介紹的客人還不少。」以邦妮的技術與經驗來說，定價是同業都覺得優惠的價格，因此受到廣大族群的歡迎，而對於客戶的需求，邦妮認為要「以客人的角度為出發點，傾聽客人深處的需求，尊重客人的意見客製化但仍保有專業給予建議，才能做出令其滿意的作品。」所以在操作前會花較多的時間溝通，她喜歡從聊天的過程觀察客人的表情肌，職業、生活習慣，從客人的打扮與氣質猜到他們的喜好，是邦妮的工作樂趣。

曾有一位令邦妮印象深刻的客人，是給邦妮做過眉毛的女兒引薦的，她看著這位與母親年齡相仿的客戶，由於治療癌症後的化療副作用，眉毛掉光了，心中不禁萬分感慨。「這位客戶從事保險業務員，每天都要拜訪許多客戶，因此急需霧眉，才能精神抖擻地見客」，了解客人的狀況後，邦妮幫她調整適合的眉型，結束後，客人終於解決長久以來的困擾，露出開心的笑容。

而邦妮也遇過許多因小時候跌倒、車禍、被棒球砸到等因素，而在眉毛上造成局部缺角、留下疤痕的客人，這些客人中又有許多是不擅長畫眉毛的，卻都能透過紋繡，重拾自己的信心，這更讓邦妮堅信：自己做的是一份能幫助人，帶給人快樂的行業。

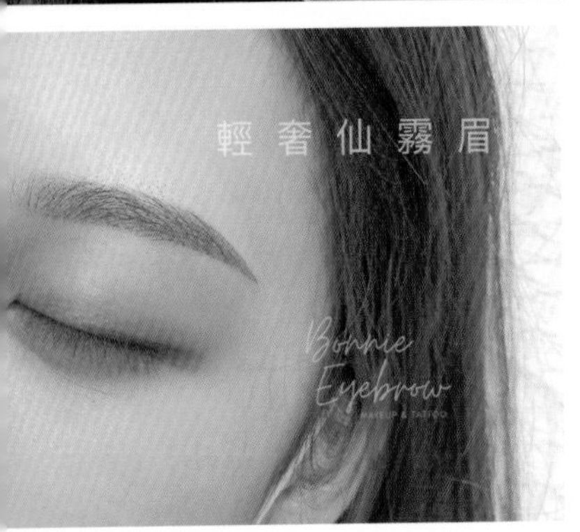

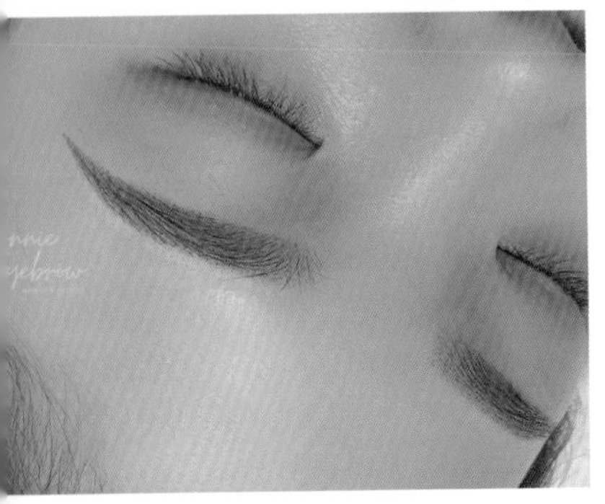

客製化訂製眉型，「輕奢仙霧」首創商標

霧眉一直是 Bonnie 韓式半永久紋繡主打的項目之一，「輕奢仙霧眉」主打客製化的量身訂製眉型，可以快速判斷客人喜好，告訴客人本身的高低差、骨骼走向、肌肉用力差異、毛流分佈走向等等造成不對稱的因素，以及能優化需要調整到什麼程度，過程也會反覆確認眉型、眉色才開始操作，做完即可擁有約會的自然眉型、沒有尷尬的修復期、可以正常碰水洗臉，操作後沒有過多的麻煩，照顧上非常簡單方便。

因此邦妮幫店內的特色產品「輕奢仙霧」註冊商標，其他人無法使用，彰顯其不可取代性，並使用 SGS 檢驗，不含重金屬且內含美國植物萃取精華及抗過敏分子的色料，其中的植物性荷荷芭油則選用美國有機栽種的果實，在美國萃取而成，具備高滲透力的清爽質地，敏感肌膚也可使用，快速上色，留色度持久、飽和，邦妮認為做紋繡是為了解決客戶煩惱的行業，因此一直以來以高端技術與合理價格造福客人。

圖｜
Bonnie 韓式半永久紋繡主打客製化的霧眉，成果十分自然

在尋求美的路上，啟蒙紋繡的一技之長

在邦妮的求學路上，其實一直算不上愛學習的學生，可是她的美術繪畫卻常受到師長的稱讚，但她卻更覺得：「比起一般美術專科，相對來說，這稱不上什麼特別厲害的專長。」不過她在大學時就非常喜愛化妝、穿搭，每天都要早起，花很多時間打扮得漂漂亮亮才肯出門，那時碰巧看到網路上的紋繡廣告很心動，她心想，居然有這麼方便的美容？於是馬上預約眉、唇紋繡，後續也嘗試美甲的消費，這是她對於美業服務的初啟蒙。

邦妮回憶道：「大學時期，在校實習後發現本科的影視行業出路非自己所愛，影視業的就業環境容易日夜顛倒、爆肝，因此認為自己沒辦法做得長久，並靠這個行業溫飽。」但她也不知道自己的未來該何去何從？甚至於畢業後持續感到迷惘，於是就先在媽媽的美髮店幫忙當洗頭小妹。

邦妮跟母親提出自己內心的迷茫困惑，母親對她表示支持：「學習一技之長也是個不錯的選擇，如果對美髮沒興趣，看想要學美甲、美睫，還是新娘秘書、紋繡，只要妳有心想學，學費的部分不用擔心，我先幫妳出。」受到母親的支持與啟發，邦妮開始上網諮詢了許多美業課程，從各種美業項目中，決定自己熟悉的項目，使用刪去法後剩下紋繡和美甲做選擇，當時也是猶豫不決，後來客觀評估後，雖然喜歡繪畫，但覺得美甲過程繁瑣且收入不成正比，再加上本身對化妝、美術也算有天份，或許紋繡值得一試……在眾多考量與百轉千迴下，最終她才下定決心報名紋繡課程，沒多久便埋頭紋繡的世界裡學習。

創業至今，邦妮在初期也經歷過沒有客人上門的窘境，初期客人少，就會需要辦行銷活動吸引客人上門，也會時常關心客人回去的留色狀況，因此得到了很多好評回饋，客人也會在網路分享推薦文給身邊的親友，到現在也時常有多年舊客回訪，並帶親友一起來預約。邦妮珍惜這些舊雨新知，只要舊客回訪都享有時價 85 折的專屬優惠。「目前每月都是月休四天的狀態，紋繡項目和補色、做臉加上去每月來客數大約百人左右，業績曾經突破 30 萬，這些都是只有我一個人作業。」因此邦妮在 2020 年 24 歲時存到了第一桶金。

Q 創業動機？

我努力不完全是為了自己，創業的動機除了賺錢外，一部分也是為了改善家境。我的母親是一位美髮設計師，也是一位單親媽媽，從有記憶以來，她就付出勞力拉拔我們姐妹倆長大，所賺的每一分都是辛苦錢，一個女人要養育兩個年幼小孩長大成人，真的很不容易！為了減輕家中的經濟負擔，我下定決心一定要做出一番成績，讓她不用再那麼的辛苦，這樣才對得起支持我的媽媽，學成後也可以幫她變美美的，讓因為幫客人洗頭而粗糙疲勞的雙手能獲得更多的休息；更重要的是我在紋繡中找到學習的快樂與自信的成就感。

Q 店內特色材料？

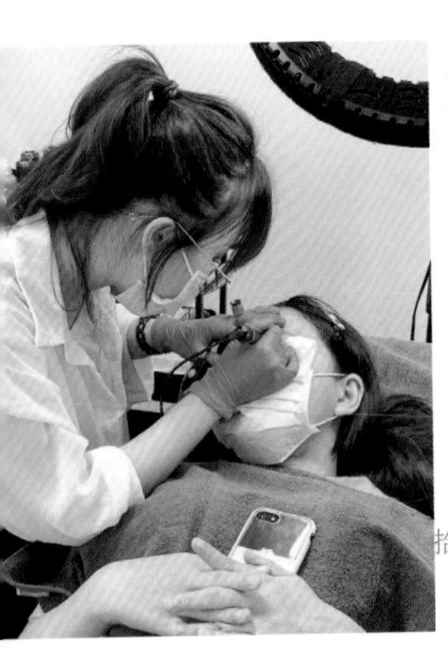

我使用材料有一定的堅持，通過 SGS 認證嚴格把關，色料、針具安全，及落實操作前後的衛生消毒，本店的霧眉使用淺中深三色色區配置自然漸層，高滲透力的特性讓操作時間快速，客人不需要久躺，留色又持久，不需要一直掏錢補色就能輕易擁有漂亮的眉毛。

創業甘苦談
在眾多挫折中堅定志向

邦妮剛創業時，是邊做邊學習，上課模式是一週上一天課，四大項目包含輪課複訓，總共可以真人實作八次，學習期間沒辦法正職工作，因此只能身兼多職，她白天在便當店打工，下午上課，晚上做牙醫助理，沒有上班的時間就是趕作業，統整吸收上課的內容，過著忙碌又充實的生活，很可惜的是，要做兩份工作又兼顧一技之長，對邦妮來說是很理想，但現實卻十分骨感。

那時候才剛畢業的她，一次要學習三種完全陌生、各自歧異的事物，腦容量根本不夠用，牙醫助理要背的東西很多，過了一個月的試用期，就被委婉勸退了，當時的邦妮很難過，但後來她卻認為：自己確實沒辦法每件事都做到完美，卻反而要感謝牙醫的辭退，因為這樣她有更多時間好好練習假皮、熟記理論，真正做好自己的事，往應該要前往的目標邁進，而且她想想那時的自己實在很傻：「牙助一個月的薪水才一萬三！當時新手做四對眉毛就有了」，因此她特別感謝那位醫生，沒有讓她浪費太多時間本末倒置。

談到創業初期，邦妮坦白說道：「當時真的沒有客人，因為不懂得如何讓別人看見。」那時候她經常詢問妹妹的意見，妹妹小她一歲，年齡相仿、又是家人，總能毫無保留給出很多真實感受、實質上的建議。比如初期定價策略、如何行銷才能讓客人轉介紹、文案排版等等，都是那時跟妹妹電話訊息討論來的。

草創初期也沒有像樣的獨立工作室，聽了老師的建議，可以先在家做練習，再拖著工具箱行動到府服務，讓客人躺在自家沙發或是雙人床上，但礙於高矮、光線受限與場地問題，經常姿勢不良，後來就開始將住家空房改造作為工作室，那時候她沒有資金買美容床、工具推車，只能拿雙人床的一角來充當美容床，並用一張椅凳作為放工作器具的地方，整個創業期都是一邊賺錢，一邊慢慢更新硬體設備。

從紋繡中找出生命價值，
實踐兒時繪畫長才

對邦妮而言：求學，就像是世俗認定非完成不可的關卡，做不好，就只能成為學渣，畢業後家裡不有錢，也只能當個低薪工作者，因此她長期缺乏自我認可，回想起那段心路歷程，邦妮曾經悲觀地認為：「從前一直沒有找到一個想要努力的目標，畢竟台灣升學路上還是要看主要科目的分數，其它科目表現好也沒多大幫助，死記硬背努力過後，也深知自己不是讀書這塊料，繪畫也只是比一般人擅長而已，又不是從小被栽培的專長，總有別人比我更好的自卑感，陷入了一個自我懷疑的泥沼中，甚至會怨天尤人。」邦妮記得當時的老師曾跟父母說：「邦妮很有繪畫方面的天份，可以多多栽培她。」想到這點，她不禁在心中埋怨家人當時為何不好好栽培她？如果生長在富裕的開明家庭，是不是就可以上美術班？是否她就能有一個引以為傲的專長？而不是書讀不好，就彷彿喪失一切目標與方向，必須渾渾噩噩過日子？這樣的想法在她心中盤旋，讓邦妮痛苦不堪，直到她踏入紋繡的領域，憑著自身的天份與後天的努力，讓她學習領悟得比別人更快，總能快速達到老師的標準，這也讓她漸漸重拾自信：原來不是她不好，只是沒被放對位置。

到後來 Bonnie 韓式半永久紋繡的生意逐漸好轉，預約也越來越滿，憑藉紋繡，邦妮證實畫畫也能轉化為工作能力。還記得畢業那年，父親過世，邦妮常陷入悲傷、久久不能自已，經常會沒來由地落淚、胸悶喘不過氣，身心靈一點也不像二十出頭的年輕人；這時，她知道自己生病了，也求助醫學、想走出負面的狀態，但總是治標不治本，回想那一段心路歷程，她認為自己確實是靠著對紋繡的一心一意走了出來，「感謝當初的自己不畏懼改變，剛出社會憑著一股傻勁就衝了，是紋繡讓我在茫茫大海中找到浮木，而要靠岸也需要自己努力游，紋繡改變了我的人生，我也從此找到自信。」

從瓶頸中尋求的待客平衡之道

由於邦妮一人身兼對帳、回訊息、服務等，分身乏術，曾導致有兩個客戶同時前來的尷尬場面，為了解決這嚴重影響營運的問題，後來就改使用自動化預約的訂金金流系統，客人可以直接挑選項目、喜歡的時間後，使用 Line pay 或是信用卡線上刷卡付訂金，想預約立即就預約，省去人工的作業時間，如果遇到比較容易擔心術後變化的客人，針對詢問度高的疑問，也整理出一套服務流程，可以快速回覆解答。

不過，去年五月疫情大爆發時，邦妮仍遭逢瓶頸，因疫情客戶取消預約，免費的補色期限只能一延再延，中間損失讓她感到無奈，於是邦妮也主動幫客人延長補色時間，就算超過原定期限，在指定的時間內回來一樣免費補色；不過在恢復正常營運後，還是會碰到少數不講理的客人，無法如期回補不事先告知，超過延期後的時間前來，依然要求免費補色，協調後客人希望將這筆費用捐款，邦妮捐了兩倍，客戶仍不接受這筆捐款是以邦妮的名義捐款，因此事後還是退費，這件事才告一段落。其實邦妮當時已懷有身孕，不想動怒，但事後她還是認為：「做生意以和為貴，情理之中可以通融，但遇到不禮貌的顧客也不能毫無原則，以疫情之名無限上綱。」所以之後她寧願少賺也不接受奧客，萬一員工碰到，也不會讓她們做白工。

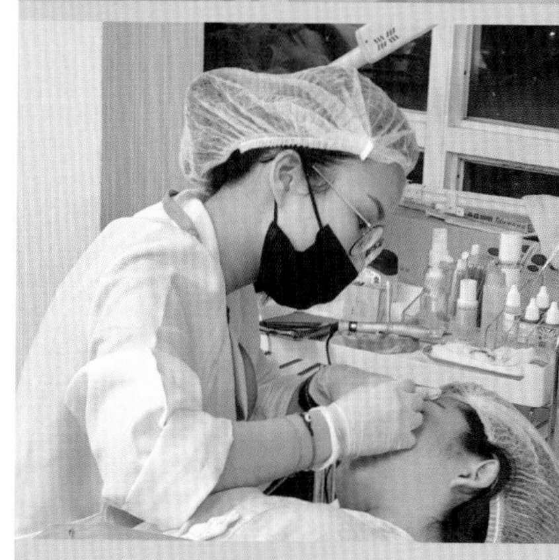

圖上｜
邦妮以自身的天賦與後天的努力，在紋繡業中發光發熱

圖下｜天然的「媽生感」眉毛會是未來的流行趨勢

競爭激烈下的危機意識

這幾年，邦妮發現紋繡師越來越多，也不少人認為紋繡師收入很高、很好賺，而想投入這個行業，加上到處都是紋繡眉毛的廣告投放，競爭非常激烈，對此，邦妮坦承自己初期是有些焦慮，會擔心下個月的業績，也常反問自己：這樣付出勞力還能做幾年？會不會被市場淘汰？會被逼到削價競爭嗎？不過事後發現，根本不需要想太多，很多事直接付諸行動才能有所改變，也是那個時期的危機意識，讓她在推陳出新的紋繡世界裡，依舊能滿足客人的需求，創造出與時尚接軌的作品。

不過邦妮也觀察到：「除了具備專業技術外，現代人更喜歡有個人風格的店家，一旦建立起個人品牌特色，消費者想霧眉第一時間就會想到你，加上行銷被看見，突破業績都不是難事。」但要怎麼將個人當作品牌經營？邦妮分享：「讓粉絲認識品牌的方法就是要多分享，比如說修眉技巧、眉毛的相關冷知識、紋繡問答、人生觀、價值觀，包括吃了什麼美食、對時事發表自己的看法；時間久了，這群氣場相近、喜歡你的粉絲，就會轉變成真正來找你的消費者。」

Q 紋繡業目前的困境？

現在紋繡的消費型態轉為僧多粥少，紋繡師人數太多，顧客還是同一群，沒有做過眉毛的群眾越來越少，業績大不如前，於是許多紋繡師們紛紛轉戰教學，而教學品質卻良莠不齊，也會有老師想藏一手，於是市面上出現許多「半路出師的紋繡店家」，也出現很多做壞需要修改的眉毛，其實這是一個不好的循環，消費者會對「半永久紋繡」這個行業產生不信任感。

Q 紋繡未來的流行趨勢？

在這個網路資訊爆炸的時代，消費者也不傻，很多紋繡相關的資訊都可以輕鬆搜到，消費者對審美標準、技術水平要求提高，也尋求修復期好照顧的霧眉，未來會日益崇尚更高品質與高質量的作品，趨勢也將偏向更天然的「媽生感」，像是我們店內的「一縷煙霧眉」如其名，就像煙霧一樣看得到形體卻有朦朧美，打破眉型一定有框的刻板印象，屬於遠看有型，近看卻沒有明顯邊界線，讓人察覺不出的自然濃密感是目前的審美頂標，現在台灣還不那麼盛行，卻會是未來的流行趨勢。

Q 給未來入行者的建議？

創業之路並不輕鬆，半永久紋繡市場光鮮亮麗，高收入的背後也需要先付出，在創業的前置成本上，有三點需要注意：首先創造讓你專注的環境，才能有足夠的時間精神體力；其次是有足夠金錢支付學費、材料外，沒有收入來源還要準備大約半年以上的生活費，作爲初期堅持的底氣；最後是慎選入行導師，現實是殘酷的，很多人學了卻做不起來。因為有全職工作或需要帶小孩的人，往往沒有時間好好練習，也很難專心，疲勞感容易使熱情的心被澆熄。

如果是家中小孩或是長者需要照顧，可以請人暫時代勞，專心的練習幾小時比一整天中斷的練習成效來得強，而開業後操作無法一心二用的問題也勢必得解決，學前可以先和家人溝通之後可能會遇到的問題，若是沒有多餘的後援，此時就要慎重考慮是否要從事這行。

圖｜
邦妮未來將從多面向開拓，
也預計開啟善心事業的藍圖

對於未來的諸多期許與實踐

邦妮多次進修，深知老師對學生的影響深遠，所以教學這一部份雖然一直有人詢問，邦妮卻不敢倉促開課，想等自己做好萬全的準備後，再把腦中所知毫無保留的一一傳授給學生，包含多種技法、不同手法相對應的狀態、如何處理千百種客人，希望教導學生們以後都能獨當一面，能獨立思考找出問題、實戰靈活運用。邦妮也提供表現優秀的學生，日後成為店內夥伴的機會，這樣她就可以從旁貼身指導，讓學生們在新手期就能累積紮實的實戰經驗，實操客人時也能充滿信心，減少走錯路的機會。

目前台灣的飄眉服務還是以手工飄眉佔大宗，但手工飄眉因膚質不同，不穩定的留色率總是紋繡師的痛點，力道重，怕出血、線條暈色變粗發藍；手輕又怕假性上色後期不留色，而飄眉線條之間的排列要做到自然融入自身眉毛，也非常考驗紋繡師的美感。雖說每人體質、膚質不同，吃色程度也不盡相同，考量到客人感受及消費上、作品呈現上的公平，邦妮已經轉做優點更多的機器飄眉，邦妮形容，機器飄眉的自然媽生感、無感修復、痛感低，又適合各種膚質的穩定留色，也是目前她一直專研精進的項目，若要論機器飄眉的缺點，邦妮說明：「大概就是比手工操作要來得更困難及費時，但優點還是比較多，未來機器飄眉會漸漸拓展開來成為市場主流。」因此未來她會更專精於紋繡項目，之後擴大經營，會考慮讓其他紋繡師一起加入工作，透過專業系統化培訓講師之路，成為未來拓點店長，或徵求獨立操作的紋繡師，並在加入後導正手法，讓店面的品質維持穩定與高質量；再聘請美容師新增美甲、美睫、除毛、采耳、美容美體 spa 等一站式服務。

之後若有機緣展店，邦妮會從招收的學員中提拔有潛力的人選作日後的技術助教、儲備店長，一同參與技術傳遞，確保技術美感的統一，以美學角度出發設計出符合個人風格的定妝，除了這些，她其實還想幫助更多的人：「如果哪天我老了體力不允許，不做客人以後，我也會希望自己是從事教育幫助人的角色，幫助對紋繡有興趣的單親媽媽、低收入弱勢族群，給他們魚不如教他們釣魚，讓其有了自給自足的能力才可能翻身脫離貧困，用自己的力量改變身邊有緣人，成就他人，心靈的滿足更勝於成就自己。」

Q

從草創初期到日後壯大的經驗傳承？

我認為草創最重要的事是：如果你正在紋繡的起點，請你不要害怕踏出第一步，不管是技術還是待人處事，首先需要做了才能知道需要改進的地方，進而去調整，多去學習嘗試，不要侷限在自己的小圈圈裡。很多人對紋繡有誤解，所以在線上或是面對面諮詢時，要把客人的疑慮一一消除，比如說使用的色料安全、眉型、眉色、維持時間、修復期可能會遇到什麼樣的情況等，教育客人正確的知識讓客人了解，前期做的工作越詳細客人也安心，後續回去也比較不容易有客訴或者擔心焦慮的狀況發生。

霧眉是「人對人，一對一」的服務，一開始只有一人在處理這些大小事，但隨著生意的繁忙漸漸瑣碎的細節無法做到盡善盡美，而從個人發展到團隊分工，便能夠更有效的把各項細節做到周全。一個人再厲害力量也有限，而團隊則能成就品牌價值的成功，做好員工培訓的細節就是用最低成本的付出得到利潤。一天就是 24 小時，利用團隊分工，把無數的細節做好，讓服務質量有穩定的輸出，發揮一加一大於二的效果。比如客服預約諮詢、發文攝影小編、技術紋繡師、除色師等，如果還有服務其他美業項目就會需要更多人力。所以說美業或是紋繡業不只是單打獨鬥，都是有了團隊才能促使你走向更高的山峰，看到更遠的風景。

經營者
語錄

“

一個人再厲害力量也有限，
而團隊則能成就品牌價值的成功，
做好員工培訓的細節就是用最低成本
的付出得到利潤。
一天就是 24 小時，利用團隊分工，
把無數的細節做好，
讓服務質量有穩定的輸出，
發揮一加一大於二的效果。

Bonnie 韓式半永久紋繡

公司地址　新北市永和區永和路二段 295 巷 11 號 1 樓
聯絡電話　0983 611 707
Facebook　Bonnie 韓國半永久定妝
Instagram　@bonnie.eyebrow

男士飄眉專家
朱哲毅

”

成為自己所想成為的樣子，
擇你所愛、並愛你所擇

美業經歷 15 年，從 15 歲的美髮小助理，到自己創業 12 年受邀全台十大紋繡師，朱老師獨立奮鬥走過 15 個年頭的美業人生，從尋找自我認同到成為全方位美業人，目標是成為一名讓人安心信任的紋繡師，將客人的眉毛當成自己的在做。

PHIBROWS

從失去到擁有，從擁有到感恩

我國中時媽媽就過世了，跟父親的感情也不算好，所以在媽媽過世之後就搬去與我的親阿姨同住。當時國中畢業的我還不知道要做什麼，於是選擇就讀五專的工業工程管理科，但總感覺與同學格格不入，讀了一年就休學了，休學後阿姨問我想做什麼，因為從小就比較喜歡美的事物，加上外婆小時候也是開男士理髮店的，看別人剪頭髮也覺得很厲害，所以 15 歲那年在家人的支持下決定去做美髮，中間還讀了高中美容科，印象很深刻，讀美容科期間大概快滿 18 歲時，阿姨問我：「要不要去學接睫毛？」其實我腦袋是放空的，怕學不會、做不好，也怕家人失望。決定前還糾結了一陣，但阿姨給我很大的信心去學習，從不嫌我做的不好，讓我在高中畢業前就有了一份很不錯的收入，雖然放棄了美髮業很可惜，但成為「美睫師」的我，開啟了我一路走來的精彩人生，也讓當時的我擁有了非常大的安全感。

關於成為美睫師的精彩人生就留給另一個故事吧 ...

圖｜家人能幸福快樂，是我的最大動力來源

阿嬤
生日快樂

從美睫轉戰紋繡技術的契機：為了能延長自己在美業的壽命

其實當年接觸美業的時候，就了解到我們這份行業是：手停錢就停的工作，所以我當年的目標是 30 歲美睫做滿 12 年後，才要轉戰紋繡市場，因為紋繡的市場有著更高的客單價，但服務時間卻跟美睫差不多，而且對於體力與眼力的需求較低，可以做得更長久。

不過就在 7 年多前我遇到了我的第一位啟蒙老師—曾棎棎，當年 23 歲的我，提前開啟了我的紋繡人生，她教會我技術以外，如何欣賞美麗的作品，並用開放支持的心，讓我可以看到更大的世界。

接下來的日子裡，我進修了各式國內外的紋繡課程，最終找到了屬於我的歸屬—歐洲最大的紋繡學院，進入了紋繡領域的最高殿堂『PhiAcademy』，從此開啟了我想把眉毛做到最好並且極致的契機，學院的要求標準很高，只要擁有我們學院的 Logo，就要有完美作品的責任，當你的作品上使用了學院給予你的專屬 Logo，作品就會被所有這個學院的紋繡師審查，當作品達不到該有的水準，甚至會被要求下架作品或取消資格。在我們學院要得到專屬 Logo，除了要跟學院老師上過課以外，還要經歷長達 6 個月的考核，才能擁有你自己的專屬 Logo，同時個人簡介也會被加入全球紋繡師地圖，世界各地的人可以搜尋在他的地區是否有擁有此資格的合格紋繡師。

圖｜男士飄眉專家創辦人——朱哲毅

從零開始的
「男士飄眉專家」

然而就是這麼嚴格的標準，讓我在紋繡業界的名號打下非常扎實的基石，但不是一切都那麼順利，有了技術又有名氣的我，也變成了業界老師攻擊的目標，讓我決定轉念，「我不一定要成為業界的第一，但我想成為業界的唯一。」放棄了原本經營的粉絲頁，這次我想用自己的名字並拋下以前所有經營起來的粉絲頁，讓自己重新開始，『男士飄眉專家 朱哲毅』就此誕生了，初期我非常積極地做大量的男士飄眉作品，甚至找了非常多免費施作的模特，就為了能有更多的男士眉操作經驗與作品，可以讓更多人看到我的作品，也讓我不負男士飄眉專家這個稱號！

一場突如其來的意外—
人生的轉捩點

「喂，119 嗎？我的腳不能走了。」

有一天起床，我的腳很麻，而且我躺在床邊的地板上，我試著出力但無能為力，只能將沈重的身體拖著到床邊拿了手機，但第一件事是打給待會預約的客人，跟他說我要叫救護車了，我起床之後不能走路，必須先跟他取消，看情況再跟他約其他時間，接著家裡一個人都沒有，救護車的人員需要我到門口開門，我只能拖著下半身爬到門口等待救護車的救援。

最後的檢查報告顯示，我因為服用助眠的藥物，跌到地板上沒有醒來，壓迫過久導致橫紋肌溶解，同時併發急性腎衰竭與坐骨神經受損，所以雙腳下半身都無法動彈使不上力，當時還以為自己可能這輩子都不能走了，不知道會不會要截肢，所幸後來的積極復健，靠著意志力，在半年後慢慢可以行走與工作。

一步步走向
男士飄眉專家的
心路歷程

我的人生真的很奇妙，30 歲前的我幾乎什麼都經歷過了，30 歲的我，給自己最大的禮物應該就是這本書了，人生經歷了數十場的百人教學，跑到美國、歐洲等國家進修技術，在台灣也擔任了台北國際美容展的技術示範人員，這些都是 15 年前那個小小美髮助理不敢想的。經歷一場大病的我，也調整了自己的腳步，我會繼續穩健的發展男士飄眉市場，讓男性市場擁有更好的服務與技術品質。

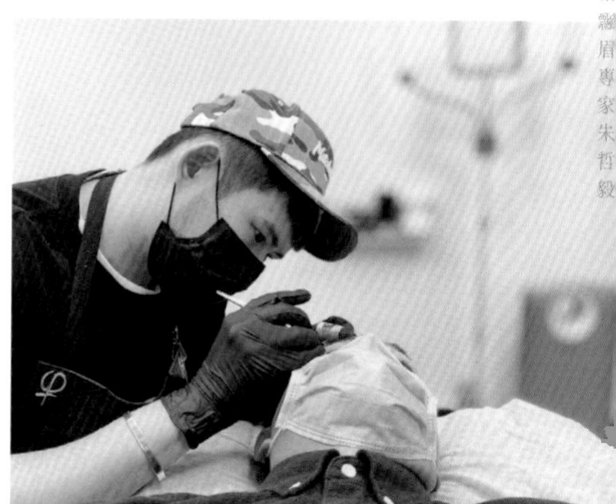

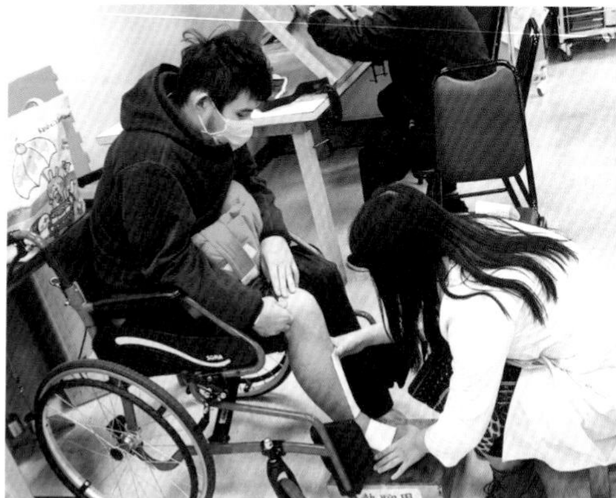

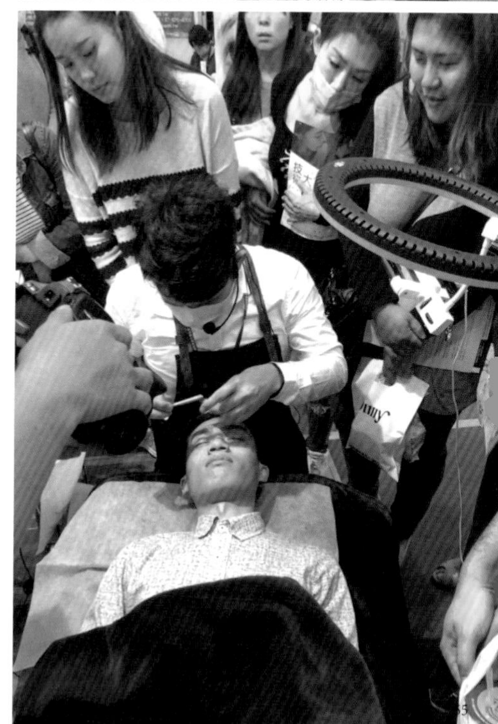

圖上｜
朱哲毅當時設立「男士飄眉專家」是一心一意、從零開始

圖中｜
朱老師當時坐輪椅的樣子

圖下｜
朱哲毅靠著好口碑，一步步打造出屬於自己的男士飄眉王國

俐落隨興的明亮室內空間，

發自內心的待客之道

我們的店開設在台中市北區的辦公大樓內，為什麼選擇辦公大樓而不選擇店面呢？因為我只想做純粹的預約制，我們這行業，要的真的不是富麗堂皇的一樓店面；但我也不想在公寓類型的工作室，讓客人覺得太過隱密，辦公大樓就成為了我的最佳選擇，7-8 坪的空間大小，讓我跟客人有一定的親近距離又不至於太擁擠，整體工作室採光與燈管設計非常明亮，打破以往這種美容工作室都比較昏暗的印象。

工作空間與休息區都做了很貼心的小設計，提供小包裝比較沒有壓力的零食與星巴克的膠囊咖啡，讓客人真的能享受到舒適的服務。

圖｜俐落明亮的室內空間，以及朱老師用心準備的小零食與咖啡

STARBUCKS
NESCAFÉ Dolce Gusto
麥香
玉米濃湯 コーンクリーム
MILK TEA
CHOCOCINO
TREE TOP
光泉 牛乳
100%
Coca-Cola
Perrier
3

男士眉型設計結合原生眉毛，達到自然的最大值

當我們在設計男士眉的時候，跟女生眉毛落差最大的是，要同時做到濃密與自然這兩件事，一般大眾會覺得男士眉就是要又黑又粗，好像只能做成那樣，沒有第二種類型，但我們設計的眉型可以幾乎不用再整理、不用修整的狀態去達到最好最自然的效果；就像去剪頭髮，我們都希望可以不用做過多的整理，最好是洗完頭吹乾就能出門，所以我們設計眉型也是，希望客人洗完臉就可以出門，不需要多做整理就能自信的迎接各種場合！

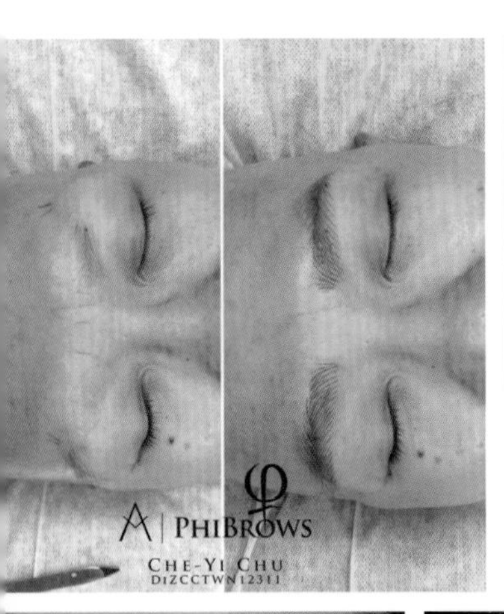

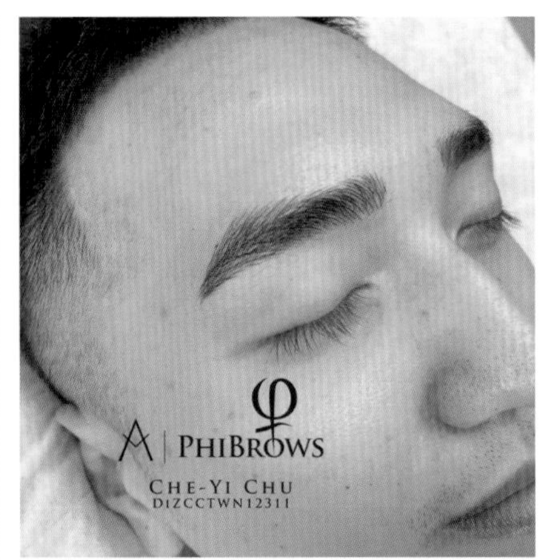

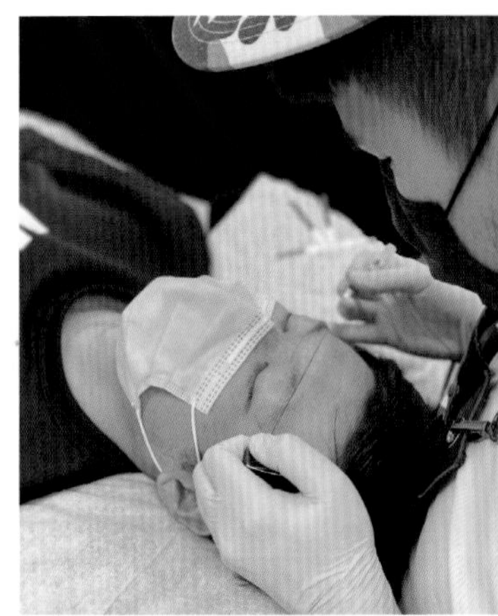

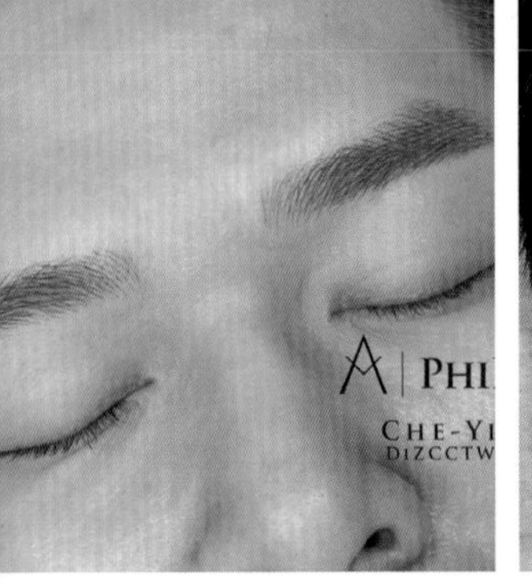

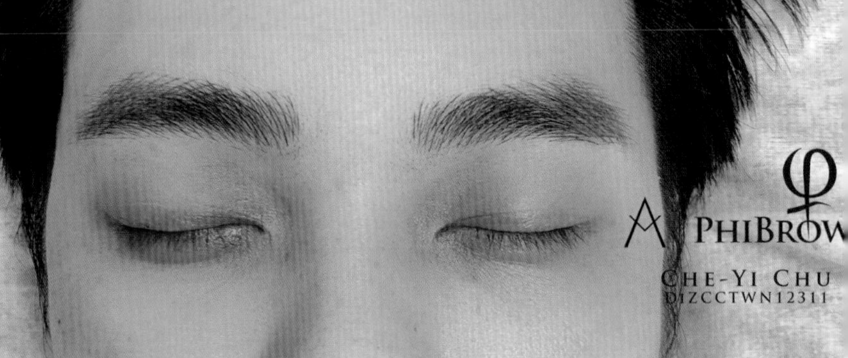

Q 店內眉型設計的標準是什麼？

我們的眉型比例由歐洲學院研究多年的黃金比例尺做參考，利用全臉的面部比例與眼距去側量出最適合這個客人的眉毛長度與眉峰及眉間距，並一根一根用極細的眉筆幫客人畫上自然的眉毛毛流，讓所有的客人可以安心的把眉毛交給我們，也能在做眉毛前看到接近完成之後的效果。

Q 目前服務項目？

我們服務項目很多，不過主要還是以眉毛為主，也同時有眼線或嘴唇等等選項，客人都說我們這邊永遠都有新的驚喜，想知道我們有什麼，就來認識我吧。

圖｜朱老師做男士飄眉追求自然且兼顧濃密

Q 內使用的特殊色料有什麼特色？

我使用的是歐洲最大紋繡學院的色料，最新一代的色料由生物惰性材質製成並包裹色料，不含重金屬、氧化鐵等等會讓紋繡後期變色的成分，使色料進入皮膚時，不會被巨噬細胞（專門吃掉皮下異物的細胞）發現，達到高留色率與持久年限延長的效果。

圖｜
朱哲毅所使用的技法與色料，都來自歐洲紋繡學院

經營男士飄眉的訣竅：真的把客人眉毛當成自己的在做

老實說，我擁有著先天的性別優勢，我能理解客戶希望做完眉毛後隔天要上班或需要出席重要場合，甚至不想被身邊的人發現來做了眉毛；希望做完就能自然出席各種場合不會被笑說去紋眉，所以我能用最貼近客人的心情去執行這項技術，也讓客人可以非常安心的信任我。

圖右｜
朱老師認真的操作每個客人的眉毛
圖左｜
朱老師對客戶的術後衛教

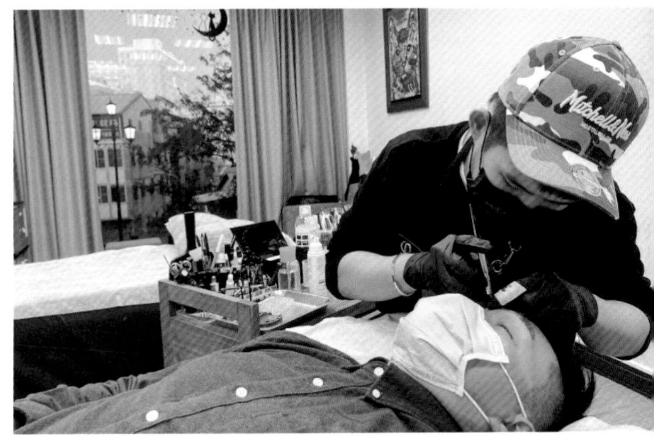

Q 踏入美業（創業）對生活的改變？

能夠真正的規劃自己的人生，雖然很多人覺得我們這行工作時間很自由，但自己創業最大的需求還是自律：自己安排客戶、自己做廣告行銷、定期的進修充實自己，種種缺一不可，才造就了現在的我。

Q 品牌定價方式？

我的收費，其實並沒有非常高，就是舒服並合理的價位，而且我們要調整價格都會提前 2 年在價目表上註明未來漲價的價格，並不會坐地起價。

Q 以後還會有教學的計畫嗎？

這個問題大概是最多人追問我的，其實我私底下一直有在教學，但我只教我想教的人，也覺得自己還不是一個最好的老師，教學的責任很大，我想等我準備好的那天，我會重出江湖的（笑）。

圖｜朱老師在各地的課程都是場場滿班

Q 給新入行的建議？

學一項技術，經營到成熟穩定平均大約需要5年，你能不能給自己5年的時間去做這件事，並且不給自己找任何理由？任何一個理由都是你拒絕自己可能變得更好的機會，人類沒有做不到的事，而覺得你做不到的，通常也是人。

Q 品牌經營心法？

談吐與行銷上，我會著重於讓客戶知道為什麼要選擇我們，而不是因為價格或是距離近而來，當你能把價值勝過於價格，我們會在成功的路上相見。

圖｜朱老師擁有很好的行銷概念，也活成了自己想成為的樣子

美睫
美髮造型
舞台區

Q

品牌核心價值？

我只要客人 100% 的信任，
而我會給予客戶 120%的價值！

後記

我本來沒有很確定要接這本書，但我想到能給自己一個里程碑就接了，雖然一直不停的拖稿，但想到店裡能放一本擁有自己內容的書就值得了，說不定以後也能自己獨立出一本呢（笑）。

最後還是想說，擇你所愛、並愛你所擇，記得愛你的家人，畢竟這是最重要的，我是朱老師，希望有一天你能認識書外的我。

經營者
語錄

“

「如果你迷戀厚實的屋頂，就會失去浩瀚的繁星。」

——— 詩人 洛夫

這句話是我多年來都一直喜歡的一句話，永遠都不
要因現有的安定安穩而放棄更美好的星空，
人生真的很短，永遠不知道自己的潛能，能發揮到
什麼程度，而當你走出舒適圈，才能遇到更多與你
志同道合的朋友與競爭對手，
這些都會成為你的養份，讓自己成長、讓自己成為。

男士飄眉專家朱哲毅

公司地址｜台中市北區中清路一段 89 號 3 樓 307 室
聯絡電話｜0978 119 539
Facebook｜男士飄眉專家朱哲毅
Instagram｜@phibrows_gato

OUYIN
Beauty Studio · 熰吟

Ouyin 手作飄眉 Fashion brow

”

精雕細琢的美麗修鍊之路，造就自信神采

在人與人相遇的場合，眉眼，往往是最先引起注意的部位，特別是眉毛的粗細、濃淡及弧度等，能否跟臉型氣質相得益彰，也成為大家自我檢視的重點。

Ouyin 手作飄眉 Fashion Brow（以下簡稱 Ouyin）的店名，從創辦人 Venus 與母親的名字各取一個字而來，Venus 將傳承自母親的紋繡基本功，結合自己從國外修業習得的毛流創造技法，為客人量身打造出黃金比例眉型，無論是追求裸妝感的自然派女性、喜好鮮明妝感的潮流派，或是單純想追求好氣色的人，都能在 Ouyin 找到最能凸顯自己五官優點及氣質的眉型，每天看到鏡中的自己，都有好心情。

長年養成的美感，不斷精進的技術

從高中就讀美容科、學習彩妝開始，Ouyin 創辦人 Venus 就跟「美」這個字，結下了不解之緣。「在我念美容科的時候，當時業界對於眉毛的塑型與潮流，資訊不如現在發達，所以，那時的學習內容以整體彩妝保養為主，並不會特別專精在眉毛領域，眉毛部分主要是學習修眉毛跟彩妝技巧。」

為了培養更多元化的專業，Venus 大學選讀了同樣需要美感素養、但要學習不同技術的設計科系，在畢業前就進入設計品牌公司實習，並直接升上了專職的袋包設計師，「袋包設計的工作內容，以畫設計圖、打版為主，在工作中有很長的時間，都在跟圖紙對話，靠的是自己的美感與實務經驗，但是從事紋繡行業，除了美感與技術，也需要與客人溝通互動的技巧，對我來說是一個有趣的挑戰。」Venus 表示，從事袋包設計師兩年多以後回到嘉義，看到投身紋繡行業三十多年的母親與客人聊天互動的情景，深深感受到母親樂在工作的心境，因此決定轉換跑道，成為一名專業的紋繡師。

「現在提到『紋繡』這一門技術，有些人可能還是會想到早期那種顏色濃重、會在古裝劇或民初劇裡面看到的眉毛風格，我在剛入行的時候，碰到要介紹自己是紋繡師的場合，也很擔心別人會有刻板印象，但其實美感潮流、消費者的需求都會隨著時間而變化，就像彩妝趨勢每一年、每一季都會出現不同的流行色彩及元素，飄眉跟霧眉的技術與潮流，也更新得非常快。」

Venus補充說明，現在統稱的PMU(Permanent MakeUp)，又稱半永久化妝，包含了以上色為主的霧眉、強調根根分明的飄眉，以及結合兩者特色的絲霧眉，通常消費者會考量自己平常的作息及生活型態，以及自己偏好的風格來決定要客製什麼樣的眉型。

「舉例來說，如果是每天都會上妝，喜歡鮮明風格的女性，可以選擇妝感較重、漸層感比較鮮明的眉型跟較深的色號。而如果是習慣素顏、沒有時間化妝、或是追求看起來像沒化妝的裸妝效果，強調根根分明的飄眉，就是很好的選擇。」如今市面上許多保養或彩妝品牌，都會以「素顏感」、「清透」等作為宣傳切入點，而Venus認為，若能善用飄眉或霧眉技術，來凸顯自己五官及臉型的優點，能將眼睛襯托地更加明亮有神，等於是為一張美麗的素顏，打下了最好的基礎。特別是對於櫃姐、業務或是外勤工作人員來說，運用紋繡技術來增強外型方面的自信，對於工作表現也會有很大的幫助。

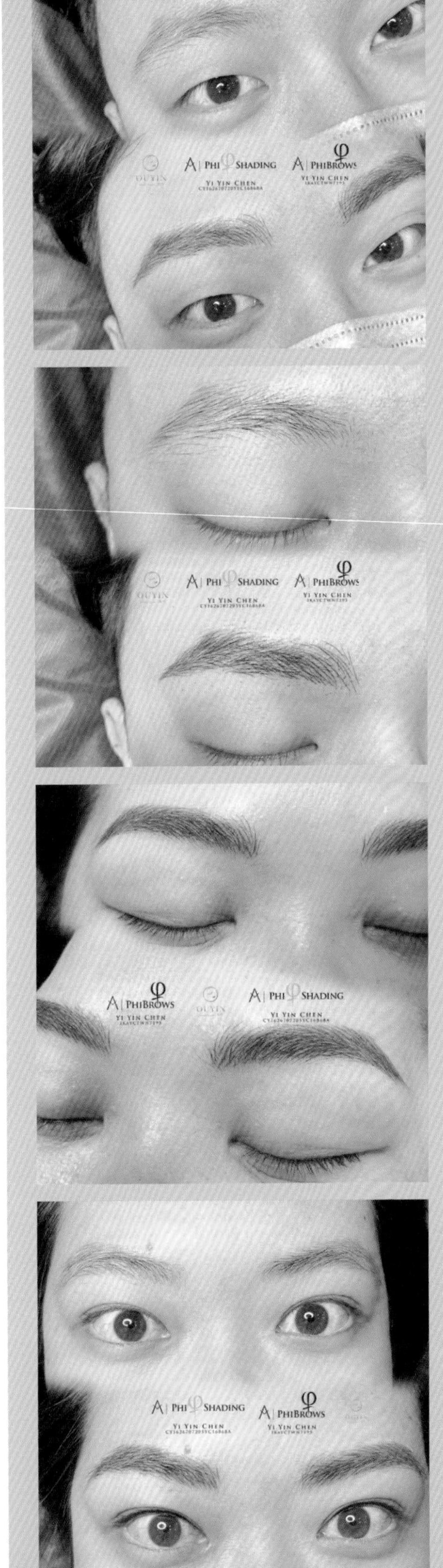

圖｜Ouyin的飄眉服務是依照消費者的天然毛流，用最細緻的手法去刻畫客人心目中的理想眉型，讓客人素顏也有好氣色

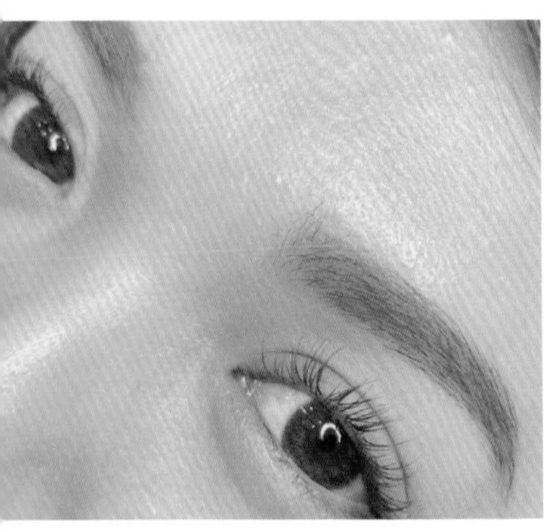

Q 店內提供的服務項目？

Ouyin 所提供的服務項目，包括眉毛紋繡、眼線紋繡、美睫及嘴唇紋繡，都是為客人素顏打底的項目。簡單來說，我可以用紋繡的手法，讓客人不需要早起化妝，可以多補眠十到二十分鐘，略作修飾就能出門。

其中，眉毛紋繡所蘊含的技法最為變化多端，也是我認為最有趣、最具有挑戰性的部分，因為其中牽涉的變化因素包括毛流、眉距、眉骨形狀、皮膚特性、膚色、臉型及五官輪廓等，尤其是在接觸到各種不同的客人後，更是深深感受到，客製化技術的重要性，你有可能碰到眉毛極度稀疏，或是毛流較凌亂，需要重塑毛流的客人；或是需求表達比較籠統，需要從頭開始引導的客人。例如飄眉，要順應每個人不同的毛流走向，一根一根地，刻劃出擬真的毛流，看上去像是真的眉毛，但是觸感卻是光滑的，要熟練這樣的技術，需要日積月累不斷的苦練。

用一個簡單的例子來說明，就像雕刻家在雕刻人像的時候，要用原木、銅這種堅硬而分量感十足的素材，去呈現髮絲的輕盈感，考驗的是藝術家的手感、創造力及對於細節的觀察力，飄眉的原理也是如此。

隨著技術的進步，紋繡師可運用的工具，規格及尺寸選擇越來越多，像紋繡使用的刀片，已經可以做到跟毛髮一樣纖細。但是工具再多元，也要紋繡師本身能夠嫻熟運用，培養施作的手感，才能發揮應有的效果，而要能夠重現毛流的自然樣貌，就需要細細觀察每個客人的毛流排列方式，創造出來的毛流才會自然，畢竟在人的臉上，眉毛往往是第一個被看到、注意到的部位，若是毛流呈現的手法不夠細膩，有一兩根毛流刻畫的方向出了差錯，這樣的缺點也很容易被放大檢視，反而會讓臉上其他好看的部位被忽略，就像如果一張白紙上有了墨點，我們的視線就只會集中在那個黑點，不會注意到白紙的本身有多光滑潔淨一樣。

像我們店內許多客人做完飄眉，身邊的親友都不會發現他們的眉毛有人工施作的痕跡，只覺得一眼看上去變得更漂亮、變得更加有精神，這樣的反應，就是對於我的技術最好的讚美，也讓我在推廣自然毛流派飄眉的時候，信心十足。

圖｜Ouyin 提供的眉毛紋繡服務可分為飄眉、霧眉及絲霧眉三大類，飄眉強調根根分明的毛流感，霧眉則呈現眉粉般的上色效果，而絲霧眉則是融合了飄眉與霧眉的特色

Q 成為專業紋繡師的學習歷程？

最開始是在母親的建議之下，從袋包設計師轉行，開始學習基本技術，除了母親親自傳授的基本功之外，我也曾經向台灣、越南等地的老師學習，同時在網路上找尋作品範本，培養自己的觀察及鑑賞力，就在我蒐集網路作品的時候，發現了來自塞爾維亞的 PhiAcademy，對於該學院的眉毛藝術家所呈現的作品大感驚艷，於是就報名了該學院所開設的 PhiBrows 認證課程。

PhiAcademy 是一間培養美容藝術家的學院，而 PhiBrows 的課程，與一般紋繡飄眉課程最大的不同之處在於，它不是給學員一套公式跟固定的手法，而是強調要客製化地去「創造」毛流，在學習的過程中，除了要臨摹各種眉型及風格範本，也要學習量測眉距與臉型比例，才能真正地為客人量身打造最適合的風格。

而通過 PhiAcademy 考核認證的學員，就能成為正式的 PhiBrows 眉毛藝術家，被標註在官方地圖上，讓在地的消費者可以找到你，也能使用學院提供的 app 模擬工具，替客人做線上諮詢，在實際施作之前，根據客人提供的照片，可以呈現眉型模擬圖，還可以事先調色，這樣的工具，不但可以幫助紋繡師與客人進行有效率的溝通，對於第一次嘗試飄眉的客人，更能夠降低焦慮感，因為他們可以大略掌握到施作後的樣貌，也能夠輕易判斷作品是否符合自己心中的期待，通常，諮詢的客人在看到模擬圖以後，就會直接預約施作，表示他們對於討論出來的風格是有信心且滿意的。

而 PhiAcademy 為了確保旗下的藝術家，能夠與時俱進地學習最新的潮流與技術，學院人員也會不定期地在網路上審核通過認證的藝術家作品，是否能夠達到學院認證的標準，所以我認為，通過考核之後，還是要不斷練習精進，讓呈現出來的作品保持一定的水準，才能保有 PhiBrows 眉毛藝術家的身分，並繼續使用官方的 app 工具，目前 PhiAcademy 在台灣的知名度也越來越高，但因為學院強調的學習核心是客製化，而客製化就會牽涉到每個人慣用的手法及工具，所以就算完成訓練課程通過考核，還是要自己持續練習，建立出屬於自己獨一無二的最佳施作流程。

圖｜
Venus 為了精進技術與經驗，報名了歐洲殿堂級 PhiBrows 仿真眉技術課程，學習獨特的毛流創造技法，由好萊塢明星指定服務的德國大師 Mr.Branko Babic 親至中國授課

Q

面對形形色色、需求不同的客人，如何培養信任與黏著度？

無論是飄眉、霧眉或眼線、嘴唇紋繡，一開始在學習技術的時候，最需要克服的就是非預期的狀況，例如，屬於油性膚質的人，在上色的時候需要花比較多時間才能讓皮膚吃色，而有些人的體質比較容易出血，或是皮質層較薄而敏感，下針時會流血等，這些非預期的狀況，對於新手來說的確會造成不小的壓力，所以，在實際施作之前，一定要反覆的測試練習，先用假皮來練習，接著找熟人來當練習對象，將工具碰觸到皮膚組織的感覺，深深地印刻在自己的腦海當中。而在施作的過程中，如果客人出現敏感不適的反應，也要配合舒緩，不能讓客人一味地忍耐。

其實我一開始並不是一個很善於表達的人，大學畢業後從事的是跟設計圖與材料對話的袋包設計，從事服務業所需要的應對技巧，都是從當母親的助理，到自己獨立施作，邊學邊體會出來的。我認為服務的核心，在於「同理心」，不僅要觀察客人適合的眉型與毛流，也要仔細觀察客人在施作過程中的肢體語言，如果客人開始出現皺眉、表情有點痛苦或是緊握拳頭之類的狀況，我一定會暫停施作，先確認客人的狀況，再進行下一步。用看牙醫來比喻，牙醫患者在躺上治療床的時候，面對醫療用的燈光以及那些冰冷的器具，難免會感到緊張，而在做紋繡的時候，躺上施作床也會出現類似的心理反應，所以我會盡可能地，在過程中消除客人的不安跟緊張感，盡量不讓客人留下疼痛的回憶。

除了躺在施作床上，會讓客人陷入一個比較脆弱的狀態之外，另外一個會導致不安的因素則是，客人看到市面上一些框架線條明顯的作品，會擔心自己的眉毛也會變成這樣，讓別人發現自己有做過紋繡，因而感到焦慮，這種狀況在男性的身上特別常見。畢竟整個社會對於男性的期待，仍然是偏向陽剛氣質為主，可以坦蕩蕩承認自己愛漂亮的男生真的不多，一般來說，除了彩妝專櫃人員之外，男性是不會上妝也不會畫眉毛的，即使想要提升氣色，對於紋繡服務還是會卻步不前，所以，針對男性客戶，我會特別調整飄眉的用色跟力道，做到毛流百分百擬真，讓別人看不出來，通常客人在看到成品後，心中的焦慮就會煙消雲散。因此也會有女性客戶介紹自己的男友、老公或爸爸前來紋繡，其實熟齡男性的眉毛，很常出現毛流有斷層、或是毛流雜亂的狀況，這時候我擅長的自然毛流創造技法，就可以幫助他們改頭換面，視覺減齡至少五歲以上。

我認為，初入行的新手，要憑空博取客人的信任，是很困難的，一開始跟母親在同一家店工作，也許有人覺得，可以傳承母親三十多年經驗的手藝，並接收已經培養出來的顧客群，我應該是個贏在起跑點的幸運兒，但只要站在客戶的角度來思考，就會認清現實：一邊是擁有幾十年經驗的紋繡師，一邊是初入行的新手紋繡師，大部分的客戶，都會選擇把自己的臉，交給有經驗的紋繡師，抱持著同理心，就能夠理解這樣的選擇，也不會因此而灰心喪志。

因此，為了培養自己的客群，我選擇先募集不同臉型、不同風格的模特兒，累積自己的網路作品集，培養經驗跟實力。通常造型師在徵模特兒的時候，會讓模特兒自行前往工作室，而我在新手紋繡師時期，為了累積作品集，只要有哪個縣市的模特兒願意跟我合作，我就會扛著簡易的施作床跟工具，搭客運到外縣市去施作，前前後後累積了幾十個可以放在網路上的作品後，就開始有人會透過網路來洽詢，進而開始培養出自己的客群，因為客人第一次體驗過後，留下了好的回憶，也喜歡我的作品，信任我的手法，自然就會成為回頭客。

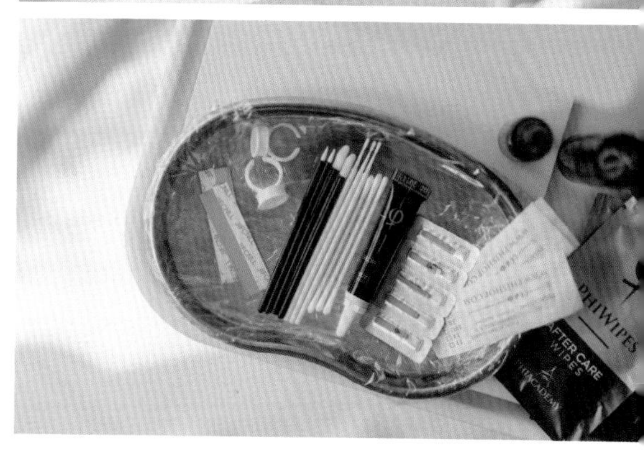

圖｜ PhiBrows 認證的藝術家，在操作過程中需使用官方核可的工具、色素及護理產品，讓作品能夠達到學院要求的細膩度

在顧客需求與專業堅持之間，主動引導找到最佳解

任何類型的服務業，都會面臨一個共通的課題：在業者能夠配合的範圍之內，如何最大限度的滿足客人需求，例如餐飲業，可能會碰到偏食、挑食、一再要求廚師調整菜單的客人，而旅館服務業更是要應付客人五花八門的各種需求，至於紋繡師最常碰到的課題，就是要引導客人去選擇實際上最適合自己的眉型，Venus 表示，一開始客人來諮詢的時候，就要展現出高度的引導與溝通技巧。雖然 PhiAcademy 提供旗下藝術家的模擬工具，已經可以模擬到八至九成，減少現場溝通所需要的時間，但現場細節的溝通，絕對不能輕忽，一定要確實掌握客人的需求。

「現在網路資訊很發達，大家滑滑手機就能找到一堆範本，但是拿著範本來找我們施作的客人，有時候會忘記，自己的輪廓、特質與風格，不見得跟照片上的明星或模特兒一致。」Venus 補充說明，例如有客人會覺得歐美風格的野生眉很帥氣，自己也想要嘗試這樣的風格，但客人本身的五官跟臉型，是比較溫柔的類型，這時候就要來回確認客人想要的元素，是不是能用不一樣的手法去呈現，例如改變眉型，呈現出比較柔和的歐美系野生眉等。或者是客人希望能擁有一對韓系潮流平眉，但因為眉骨的形狀關係，所謂的平眉還是會有微微向下的眉尾弧度，像這種風格強烈的款式，並不是能夠適用於普羅大眾的萬用款。

「例如當客人提供的範本是淺色眉毛，但是她自己是深色頭髮，這時候就要耐心地慢慢溝通，試著去找出對的方向。」Venus 表示，在客人提出需求的時候，如果紋繡師沒有經過檢視跟思考，為客人做第一道把關，而只是照著客人的指令施作，導致成品的效果不好，客人照鏡子覺得不滿意，也會質疑紋繡師的專業。

「紋繡不比彩妝，彩妝化失敗了可以立刻改妝重來，半永久紋繡的成品如果不夠好，會一直留在客人的臉上，每天都會影響客人的心情，因此，專業紋繡師不只是施作技術要純熟，在前端的諮詢跟引導，就要能夠保證作品的方向是正確的，所謂正確的方向，並不是把自己的想法強壓在客人身上，而是要經過來回的討論，找出雙方都能滿意、放心的最佳方案。」Venus 表示。

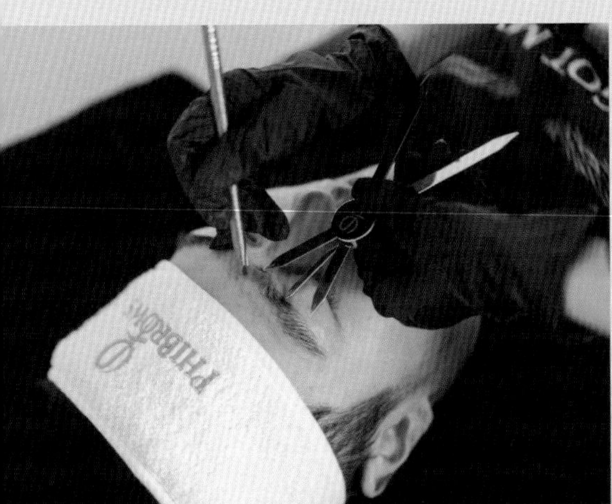

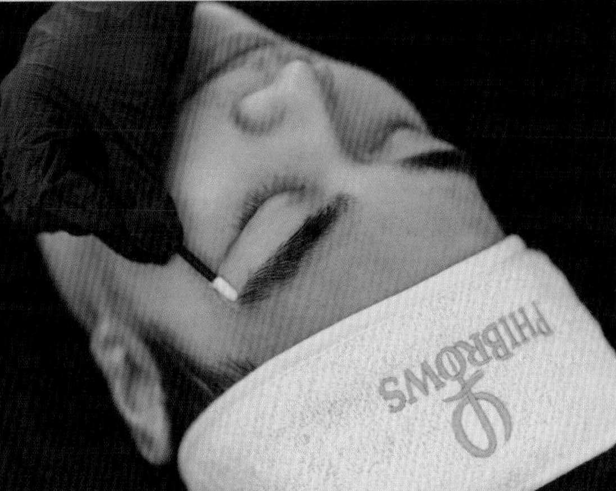

圖｜
入行之初，為了快速累積作品集，Venus 會全台灣跑透透，扛著器材免費幫模特兒施作，有了成功案例，才能讓客戶願意來主動諮詢

從實務面來建立美感素養

「其實我覺得學紋繡的過程，跟學書法或學畫有很多類似之處。」Venus 說，一開始在學技術的時候，需要臨摹各種不同的眉型、色系跟漸層等，等到累積出手感，就要找出最適合自己的手法跟流程，就算向同一個老師學藝，接收到同樣的資訊跟教學內容，最終紋繡師都還是需要找出自己的施作模式，來呈現出各式各樣的風格，這個原理也跟書法及繪畫藝術相通。

「很多新手剛開始施作的時候，最常出現的狀況，就是上色太過於濃重飽和，色彩的漸層不夠細緻等，這也是因為看的作品不夠多，鑑別力跟美感還沒有培養出來的緣故。」

一直以來，在學校所學的專業跟工作內容，都跟美學脫不了關係，對於如何培養美感，Venus 也自有獨到的見解：「美感養成，可以是一個籠統的說法，也可以是一種很具體的訓練方式。」她認為，要有方向、有目的性的去培養美感，例如，縱使不是攝影專業，但是在看到一張好照片的時候，可以從實務面去思考，這張照片的優點，是來自於光線，抑或是構圖、色調等等；或看到喜歡的彩妝作品，可以思考要用什麼樣的手法，才能化出類似的眼妝、唇妝暈染效果。「去看看各種領域中美的事物，是用什麼樣的方式及流程執行出來的，了解各種美的誕生過程，不但可以拓展自己的眼界，甚至也有可能在意想不到的地方，為自己的專業加分。」Venus 表示。

打造一個舒心而放鬆的空間，拓展美感體驗的邊界

對於工作室的氛圍營造，Venus 使用鮮花與香氣來讓客人放鬆，「我經常使用的大馬士革玫瑰精油，以芳療的角度來看，具有抗憂鬱及安神的效果，客人常常一進來聞到精油的味道，就會跟我聊聊精油、香氛等相關話題，從閒聊來展開整個服務流程，也能減低客人面對施作工具的焦慮感。」Venus 表示。

目前以紋繡服務為主體的 Ouyin，未來也希望能提供客人更多元的美感體驗，例如闢出一個獨立空間來辦手沖咖啡課程、花藝香氛課程等，運用異業結盟策略，將更多有趣的人事物帶進 Ouyin，讓消費者對於 Ouyin 這個品牌，有更多不同的想像與期待。

圖｜
長久訓練累積的美感，不只呈現在客人的臉上，也表現在工作室的整體氛圍營造

ON'T HAVE
, YOU DON'T
E A FACE."

OU
Beauty St

OUYIN
Beauty Studio 熰昤

聆聽自己內心的聲音，

尋求明確品牌定位

「我覺得 Ouyin 跟其他紋繡業者最大的不同是，我本人算是一個毛流專攻派的紋繡設計師，而目前紋繡領域的許多業者，會以霧眉為主流。所以，雖然霧眉也在我施作的範圍之內，但是我在宣傳上，會著重推廣自然毛流的優點。簡單來說，自然毛流就是可以做到讓人看不出施作痕跡，但又能大大提升外型整體的質感，不同性別年齡的人都能受惠於這個技術，變得更加光彩照人。」Venus 表示。

她認為，眉毛紋繡的世界既深且廣，光是 PhiAcademy 本身的課程，就分為古典派、毛流派以及各種風格的呈現等，雖然許多同業會將美甲、美體除毛等也包含在服務項目之內，以便擴大客源，提供一站式的美容服務，「但我還是會務實地想，如果我也去學美甲、除毛等項目，不同類型的客人越接越多，我就再也沒有時間去進修眉毛紋繡的技術了，人不可能什麼都要，還是要聽從內心的聲音，做出抉擇才行。」

Venus 表示，既然清楚自己的熱情所在，就不需要外部因素來鞭策，自己就會驅動自己，不斷地精進技術，讓 Ouyin 成為飄眉客人的首要選擇。「所以，為了讓大家更了解自然毛流派的飄眉是怎麼一回事，我也會錄下施作的過程，讓新客人清楚地看見毛流一筆一畫被呈現出來的樣子。」

Venus 補充說明，讓客人觀看施作過程的另一個好處是，讓客人先了解施作的手勢，知道紋繡師會將疼痛感努力降到最低，如此一來，實際來施作的時候，就不會過分緊張。「其實，我希望來到 Ouyin 的客人都不需要忍痛，因為人在忍痛的時候，皮膚會呈現異常緊繃的狀態，而影響到上色的效果跟留色率，也會影響紋繡師對於下針力道的判斷。」

圖｜
強調自然毛流創造的飄眉技法，是 Venus 始終如一的熱情所在，因此她也會將施作過程分享給網友，讓大家更了解這個手法及其強大的效果，並降低恐懼感

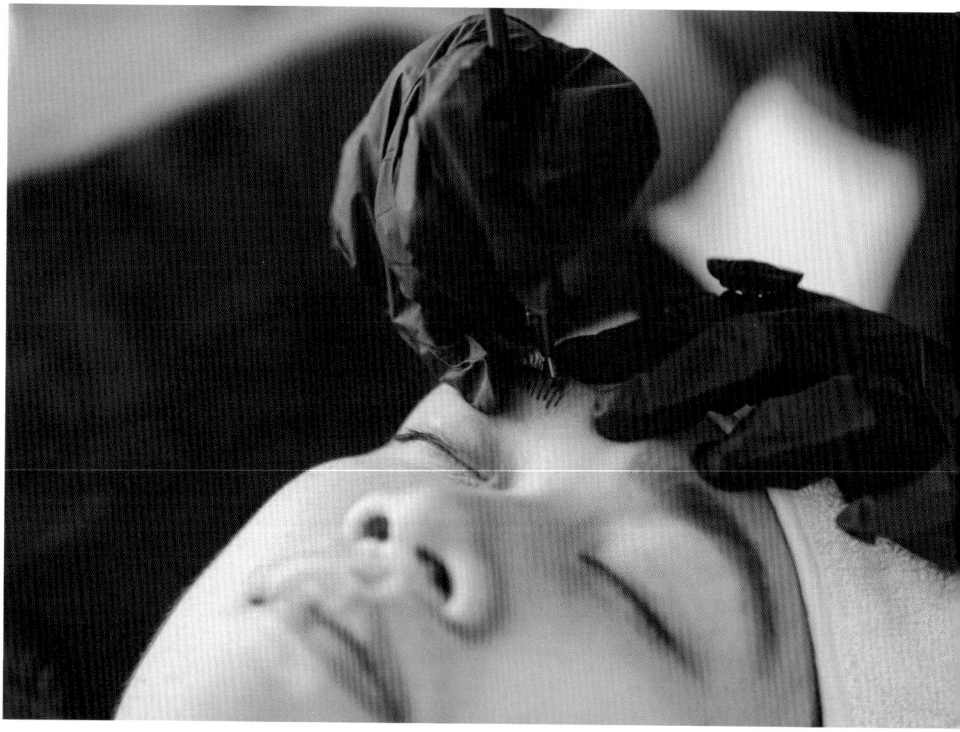

技藝養成如逆水行舟

「紋繡師的手感與技巧，就是我們最寶貴的資產，而為了要保持手感，持續進步，身在這個行業，其實，真的沒有什麼能夠鬆懈或放空的時間。」例如在三級警戒疫情期間，需要近距離接觸的美容行業，依循管制停業的時候，Venus 表示，要是傻傻的以為可以趁機放鬆，放無薪假，不出兩個禮拜，就會發現自己手感明顯退步。「就像每天密集訓練的運動選手，如果休息半個月以上，一定會發現自己身體的柔軟度跟肌耐力變差。學習一門技藝就是這樣，如逆水行舟，不進則退。」

因此 Venus 也針對想入行的新人，提供了發自內心的建議：「在剛開始還沒有客戶上門的時候，無論如何，都要想辦法精進技術，自我充電，可以找親友、或是上網找模特兒當練習對象，同時，施作完成後，不只是拍攝美美的照片，放進作品集就大功告成了，還要持續追蹤留色或掉色的狀況，像我在進行事後追蹤的時候，我會把每根毛流都翻開來檢查，因為每個人的膚質、眉骨形狀以及肌肉的緊實程度都不太一樣，事後追蹤等於是在幫自己建立資料庫跟優化流程，才能了解什麼樣的人，適合什麼樣的施作手法。」

因為紋繡的世界包含了太多細節，包括撐開皮膚的手勢、工具使用的手感以及力道的控制等，Venus 認為，就算是經驗豐富的紋繡師，還是要每天練習基本功，持續精進，才能在競爭激烈的美容行業中站穩腳步。

經營者
語錄

“

在腦海中規畫並建構自己理想的樣貌，
確定方向後就去行動，
只有採取了行動，
才能掌握到更明確的方向。

Ouyin 手作飄眉 Fashion Brow

公司地址　嘉義市博東路 198 號
Facebook　Ouyin 手作飄眉 Fashion Brow
Instagram　@ouyin_fashionbrow

EMBRACE
艾博斯美學

”

形塑儀式感的
高端美學體驗

當時因為緣分闖入了美業的世界，從一開始的懵懂到領悟後的專業導向，她一直努力不懈學習更多高端技術，創業六年以來，戴欣累積了上千位顧客的實作經驗，今年耗資遷徙，以專業美學店重新出發，希望透過美的服務，讓進門的顧客能擁抱最美好的自己。

Embrace 艾博斯美學

關於

Embrace
艾博斯美學

剛開始創業時，創辦者戴欣將品牌定名為「Lala 時尚美學」，希望能讓每位進來的顧客得到自信、美麗的美感體驗，對她來說，紋繡不只是一份工作，更擁有帶給大家美麗的使命感，耕耘美業六年多的時間，今年終於有了新的突破與蛻變，創立了全新的「Embrace 艾博斯美學」，除了店面的高質感與專業劃分，也格外注意服裝儀容與態度。Embrace 艾博斯美學提供專業諮詢流程：拍術前照、將儀器消毒、提供術後照顧、定期追蹤客戶狀況，儼然是一家專業的美學概念店，希望每個從店裡走出去的女孩，都能擁有最適合自己的型態，與美麗的臉蛋相得益彰，致力帶給客戶最極致的體驗。

LA·la 時尚美學

從工作室走到專業美學店

草創時期戴欣租了樓中樓的住家，樓下自住，樓上就當紋繡工作室，她形容那時候客人看到環境，會有所質疑，溝通眉型也需要很多時間，因此她認為客人需要的是更專業的空間，所以剛開始的一兩年間從技術、店面的擺設都還未成熟時她就認為:「如果一直停留在工作室，就會活在舒適圈，不會想努力，開了店面會有壓力，一旦出現壓力，就會對自己更要求，也會願意多學習，增加了非把客人做好不可的決心。」到了第三年她的專業技術與客戶應對都十分到位，因此將一切重新做了調整，也開設了正式的店面，用素淨的白色牆面跟蒂芬妮藍做混搭，有馬卡龍的柔和色系與典雅的格框點綴，氛圍明亮乾淨。

圖｜
Lala時尚美學的店面環境色彩明亮、窗明几淨

一開始店面裝潢時，曾碰到一些難題，耗費了兩個月的心力，從找工班到細節溝通，一切從無到有的過程，都由戴欣一手包辦，才終於有了滿意的成果。她十分講究內裝，於是採用很有質感的白色文化石牆、大理石櫃台，客人進來拍照都很好看，家具也是她自己一一挑選，在這個聚積心血結晶的店面中度過了三年半的時間，由於經驗的累積以及時間的沉澱，她想要打造更專業的規模，也想要改造本來的半開放空間，希望能讓客人覺得進來更放鬆，也賦予更多隱私空間，於是今年正式搬遷，品牌也改名「Embrace艾博斯美學」，期待形塑更美好專業的美學空間。

Embrace 艾博斯美學的設計理念

Embrace 艾博斯美學的店面設計上，戴欣有長足的規劃，由於她想要溫暖舒服的感覺，不希望有冷調的距離感，因此在室內的設計風格上，採用輕奢華與溫暖的色調，有別於用昂貴素材去堆疊的手法，用奢華與低調的兩極建材去搭配，來呈現衝突的反差美感，並帶入弧形元素，來呼應女性的柔和，家具上也選用圓弧樣式，帶點線條的質感，這樣看起來不會太死板，整體採用低彩度的色調與輕奢華的觀感，調適柔和的燈光，並擺設乾燥花，讓客戶可以感到舒適放鬆。

此外 Embrace 艾博斯美學的空間規劃上分為四個區塊：分別是公共區域、櫃台、諮詢室與休息室，用玻璃的透徹感串聯空間，同時也保有原來的隱私，弧形的天花板與牆面，型塑出一條明確動向的光廊，引導客戶到每一間診療室，分別為 Brave(勇敢)、Dream(夢想)、Passion(熱情)、Joy(喜悅)、Beauty(美麗)、最後呼應戴欣的中心理念 Embrace(擁抱)，她期望每位女性能回歸到最初的自己，找尋自我的美好。

半永久紋繡之於流行趨勢

「每個人都愛美，半永久紋繡就像是一種時尚的妝容，隨著半永久紋繡這幾年來的流行，越來越多人利用這種方式化妝，彷彿走在時尚的尖端。」對於戴欣來說，紋繡就像是這樣的存在，若想要在化妝技巧上有突破，就要進行這個相輔相成的重點技術，目前紋繡的技術也越來越強，甚至做到了醫學美容診所到達不了的瑕疵覆蓋範圍，亦如皮膚覆蓋術，但要如何推廣給消費者，讓他們知道這個好技術，會是一個未來的課題，她認為皮膚覆蓋術是未來流行的趨勢，像是年輕時留下的傷疤、曾經肥胖的痕跡，怕外界留下負面觀感，想要保持點形象，都會想要遮蓋掉，「這樣的技術，像是要揮別過去，讓自己更有自信。」

圖｜
Embrace 艾博斯美學的店面氛圍營造溫暖柔和的輕奢華質感

Embrace 艾博斯美學的服務重點

品牌創辦六年以來，戴欣從未在進修與學習的路上懈怠過，只為了將紋繡領域最新的技術帶給信任她的顧客，目前艾博斯美學的服務項目有：奢華訂製霧眉、男士絲霧眉、水晶嘟嘟唇、魅惑美瞳眼線、皮膚覆蓋術、乳暈改色與重建、髮際線點藝、角蛋白捲翹術。

目前最受歡迎的服務是霧眉，霧眉是以霧狀的方式上色，像是用粉彩筆輕輕刷上去，讓眉毛看起來像是刷了眉粉，做出眉毛較濃密的視覺效果，看起來就像是氣色好的素顏，創造眉頭淺、眉尾深的漸層感，整片眉毛不會是同個顏色；而男士飄眉的重點是順著客人的毛流做設計，讓眉毛不會往上亂長，也可以保留原有的眉型去做很自然的設計，談到兩者的差異，她認為：「現在男士霧眉的普及率很高，和女生的需求不同，男生多是因為眉毛稀疏、高低眉、或是眉型不明顯，所以才會來霧眉；飄眉主要是可以讓臉部對比提高、感覺更有精神！」不過戴欣也強調，霧眉並不是永久性的，大約可以維持一到兩年左右，依照每個人膚質留色率也有所不同。

說到服務項目，她特別回想到，以前還沒做這行前，曾經去做過眼線，卻痛到無法持續，因此她特別感同身受，不希望客人也跟她當時一樣難受，後來她為客人做眼線，客人都沒什麼痛感，也因此留住客人的心。她現在所做的美瞳線這項技術重點在於線條流暢自然，跟畫出來的

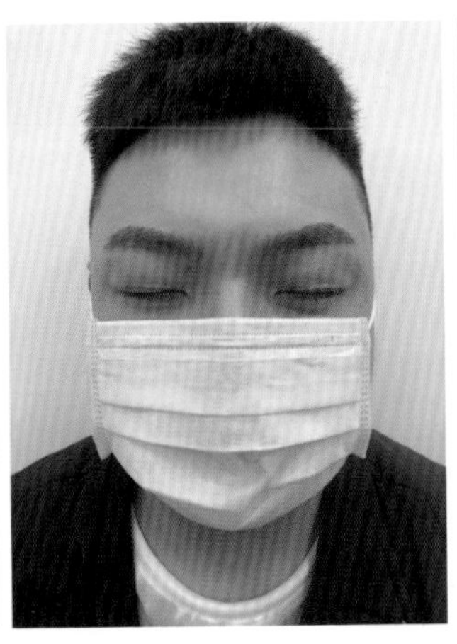

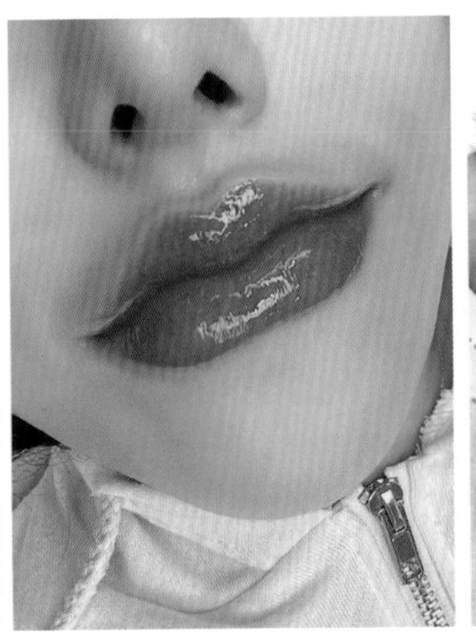

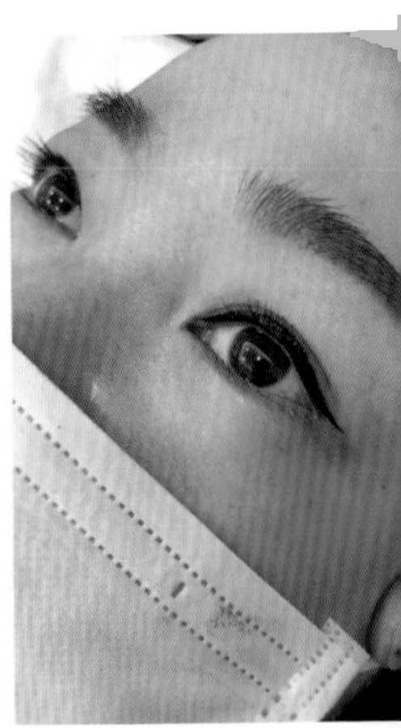

完美眼線沒什麼太大的差異，因此很適合年輕時尚的女性族群，問到美瞳線到底在哪個位置？戴欣解釋：「美瞳線位在睫毛根部及眼瞼板上，普通眼線是在眼皮上，差別很大，其實一眼就能看出來，如果像傳統紋眼線那樣，上下眼線都紋，看起來就會非常死板！」而在紋繡嘴唇的技術上，則是痛感很低，因為嘴唇很敏感，她會小心翼翼地慢慢做，做到客人放鬆，甚至放鬆到睡著。嘟嘟唇其實就是霧唇的概念，如果唇線沒那麼明顯的客人，就可以做出唇峰，也可以利用紋繡覆蓋深色的黑唇，打造立體與完美的型態，她也說明，這個技術會逐漸興起，其實也是因為現代的女生多半有唇色暗沉的困擾，而嘴唇的明亮度與氣色有很直接的關係，嘴巴暗沉，皮膚也會顯得蠟黃沒精神，繡完嘟嘟唇後唇色明亮，會看起來更年輕，想要再擦上不同顏色的唇彩也可以，會很顯色，能輕鬆駕馭。

用專業與耐心
引導
最適切的需求

「之前看到很多人做眉毛都做失敗，就覺得怎麼可以把客人做成這樣？我希望客人的錢花的值得，我花錢也會希望別人做好啊！」由於戴欣以前也有被霧眉失敗的經驗，當時霧的眉毛很不滿意，也很快就掉光，因此她能將心比心，願意傾聽客人的心聲，即使想法不合，也會解釋原因，並且實際畫給他們看，盡量讓客人了解，也認為「眉毛不是流行的就好，有的人畫平眉，臉型看起來反而會更寬，就畫兩邊給客人比較，然後講解怎麼做會最適合。」現在她對客人都給予很多耐性，每個人抓三小時，細細詢問客戶想要的眉型或眼線形狀，然後再慢慢引導，讓客戶找到喜歡的感覺，她認為客人就是不懂才會問，因此要讓他們理解再下去做會比較好。

很多客人跟她反應之前給經驗老道的紋繡師紋繡，都沒辦法表達自己的意見，直接被強勢做成紋繡師認為會好看的眉型，因此她認為溝通很重要，會取客人意見與自己專業評斷之間的中間值。

圖｜
圖左至右依序為霧眉作品、男士飄眉作品、嘟嘟唇作品、眼線作品

Q

Embrace 艾博斯美學的特色美業服務？

皮膚覆蓋術是韓國的皮膚專科醫師發明的，醫美雷射光只能吸收暗沉、有色素的東西，但妊娠紋本身是白色的，因此只能透過類似紋繡那般的上色技術去實現遮蓋的效果。以前歐洲國家有過這種技術，不過是用六種顏色互相調配，每次調出來的顏色可能都有點差異，我們現在可以用測色儀去測出紋路旁的色系，會出現一個專屬的數值，再去精準選擇遮蓋的顏色，透過上色可以讓妊娠紋不那麼顯白，就可以跟周邊的膚色銜接，從視覺效果看起來是完全沒有紋路的，加上我紋繡多年的經驗，比較懂上色技巧、入針深淺，也能判斷各別膚況要怎麼應對。

這個技術的客群主要是曾經因意外事故留下疤痕的人、產後婦女等，當然也可以針對瘦太快而留下之前肥胖紋的人，目前皮膚覆蓋術已經佔了一半的來客量，也是很熱門的項目。我們的強項在於擁有紋繡背景，了解皮膚狀況與手法輕重，因此相較非本行的業主，更能掌握皮膚覆蓋術；而「乳暈重建」是針對乳癌患者的需求，因此選擇的色乳都是他們可以使用的，用 3D 陰影的方式做出立體的乳暈，「乳暈改色」則是針對哺乳後顏色太黑的女性族群，可以利用這個技術改善乳暈黯沉的困擾。

圖｜皮膚覆蓋術能遮蓋各種紋路，是現在十分受歡迎的服務項目。

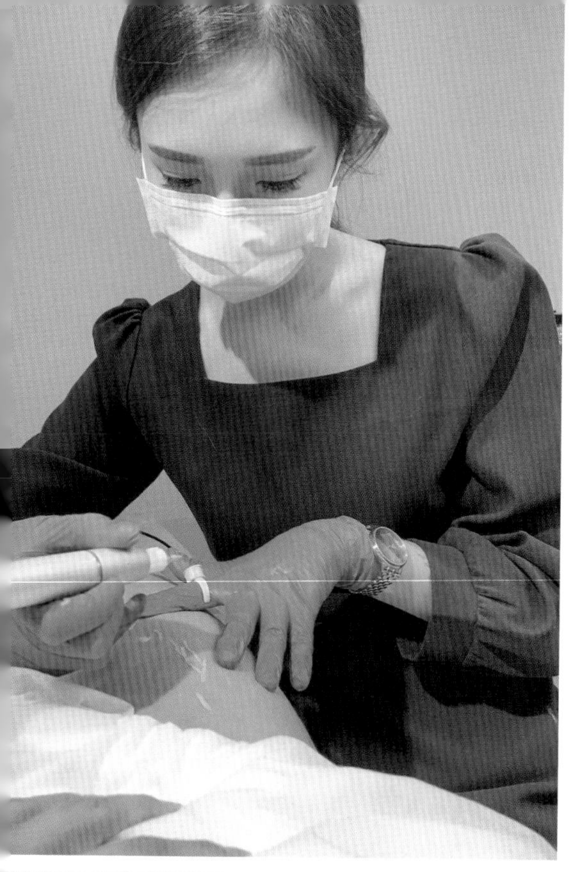

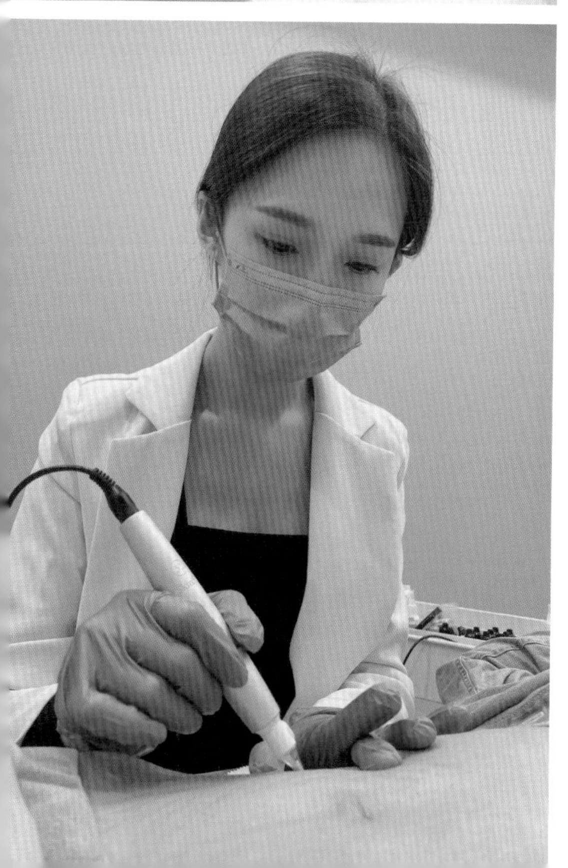

創業動機

十八歲的戴欣在受人聘僱時，一直很努力，但老闆對加薪沒什麼動作，她希望努力跟薪水能成正比，因此選擇創業，做紋繡後她認為有實現這件事：「只要做得好，客人就會一直來，跟在餐飲業做的時候落差很大。」

創業對她來說不是一件很難的事，但是頭一年還是會有很多要考慮的地方，也會擔心每個月的業績量，更覺得定價很難、太便宜對不起自己，畢竟進修的費用也很高，定價太高又害怕客人不來，所以才一直做促銷活動。因此前一兩年都是處於找尋適合模式的狀態，她形容一開始有點心累，但後來就越做越穩，找到自己的價值，並訂出相對應的服務價。

Q 創業的貴人？

我的客人跟老師都是我的貴人，客人會幫我做推薦，我跟老師也亦師亦友，彼此有什麼資訊，都會互相交流，當初沒有老師，我也不會進來美業，因此是真心感謝！我認為拜師後，如果真的沒有學到什麼，也不能忘本，即使後面變厲害了、發展變好了，還是莫忘初衷，因為當初沒有老師也不會有後來茁壯的自己。現在我們都會互相推薦客戶，老師在中壢、我在台北，我們彼此有不同地區的客群，我認為做人不要太藏私，好的氣場流動，生意會更好的！

偶然與紋繡結緣

一開始戴欣在餐廳當服務生，正覺得對未來一籌莫展，在因緣際會下去霧眉，碰到當時的老師，開始了紋繡的旅程，戴欣形容一開始碰到這位直率的老師，是一拍即合，可以說是她的貴人。當時老師直接叫她來學紋繡，在學習中老師發現戴欣有天分、也很努力，就帶著她去大陸進修，走過重慶、北京等大城市，觀摩各種技巧手法。

一直以來，戴欣的客源都是透過朋友轉介，一個介紹一個，由於剛起步要累積客源，也會給優惠價，看到價格的客人都很快來光顧，因此很快就做出成績，但後來卻造成惡性循環，客人都在等折扣，很難回流，那時戴欣就察覺這個發展形勢不對。後來她常回去澎湖陪伴親人，又開發了那邊的客人：「有次去美髮店洗頭，幫幾位美容師做紋繡後，她們都很滿意，於是又幫忙轉介了一票客人，但結果還是一樣，客人不會再回來。」這時候她開始想，癥結點到底在哪裡？是上色問題還是色乳要改善？總之她認為不能再維持現狀，也不能光為了賺錢而做。到了第三年，她找出所有的問題，她描述當時的自己：「我當時真的很不成熟，年紀小，很急性子，加上新手速度慢，有時候上一個客人還沒做完，下一個人就來了，因此非常心急，卻又沒辦法調整過來……」後來她試著慢慢調整態度跟語氣，用心觀察每個客人，客人也就慢慢回流，之後她回頭看自己以前的作品，就看出差異了，眉頭確實比較死板，當時的力道也無法掌握，於是她現在非常重視服務品質，不做數量，只做質量。

被客人雕塑成最好的樣子，療癒系紋繡體驗

會做到現在的規模，戴欣認為：「我覺得是客人把我慢慢雕塑出現在的樣子。」她會先聽客人的意見，也會用自己的專業慢慢調整，從中找到平衡點，並觀察不同的客人該用什麼樣的方式應對，「客人天天都看自己，一定比你更了解自己的，客人的訴求要仔細聽、認真聽。」因此她多半很快就畫出客人想要的眉型。

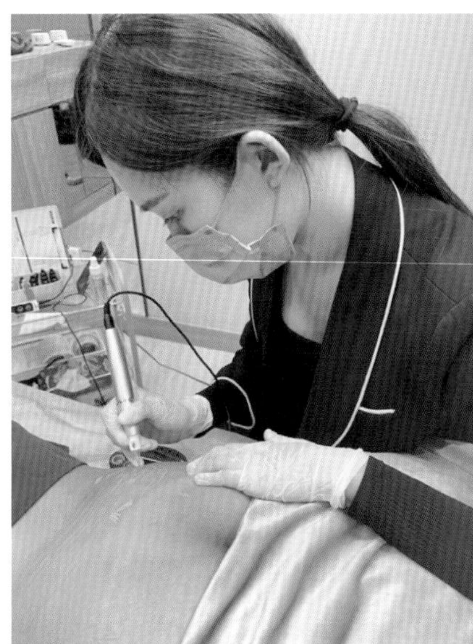

另外她觀察到店內放的音樂很重要，會間接影響到氛圍，之前放很有節奏感的流行音樂，客人的表現就很浮躁，現在的她更成熟專業，除了以沉穩的技術手法去應對客人， 也會選擇放輕音樂，加上美容床裡面有舒服的軟墊，再使用療癒的精油，客人十之八九都會睡著，她笑著說：「睡著就不怕客人躺不住了，能更安心替他操作。」而且一些比較容易焦慮的客人，也會因為睡著完全忘記要害怕，戴欣做客人並不會一味陷入交流，會先觀察客人的類型，遇到很有氣質的貴婦就放慢說話速度；沒有主見不知道該怎麼辦的小女生，就當個大姐姐，幫她們做一些決定；怕尷尬的客人，就適度聊一些讓他們感興趣的話題。除了照顧不同的需求，也讓每個進來的客人，都能感到舒適自在。

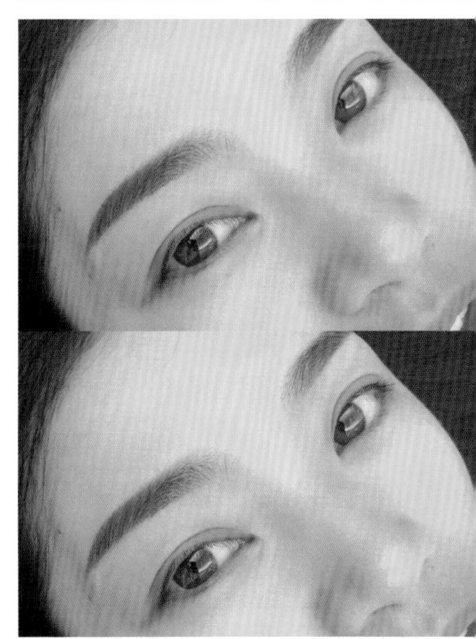

圖｜能做到現在的規模，是被客人雕成的專業

比賽不為得名，
用證書與成果驗證實力

美容丙級證照
美容乙級證照
IBC 國際認證中心合格講師
IBC 國際認證中心監評委員
Skin52 韓國頒發皮膚覆蓋術合格證書
FT.Brahma 梵天國際紋創合格醫飾紋繡師
第五屆國際盃美容美髮大賽 IBC 紋繡靜態作品組 A 亞軍
第一屆全國文創美學飄眉組季軍
第一屆全國文創美學傑出名店名師
韓國 2018IFBC 國際美容藝術大賽最高藝術獎
韓國 2018IFBC 國際美容飄眉組亞軍

戴欣擁有多項證書與評審資格，走遍北京、重慶、海南島、韓國、台北等處，在忙碌的工作下，依然抽出所剩不多的時間去學習，擁有強韌的毅力。一開始是啟蒙老師帶著她去比賽，在她的新手期，就得到靜態作品的亞軍，現場也有很資深的老師，這讓她印象很深刻，認為這是一種認真挑戰自己的過程，她認為：「去比賽不是為了得獎，而是為了跳脫自己的框架，就可以檢視自己的實力到哪裡，當我沒得獎的時候，我也會仔細觀摩得獎作品，看看差異在哪，有沒有可以改進的部分。」

她永遠不覺得自己很強，隨時檢視自己的實力，會想出國比賽，就是想去看看別的國家與台灣紋繡的實力差在哪裡？戴欣去韓國比賽，也得到亞軍，這讓她回想以前總是聽到韓式霧眉，彷彿韓國的紋繡實力最強，但後來她發現，自己似乎也沒有比較差，她又提到：「今年我又去考美容乙級了，這次也是準備了一整年才考上。」每天要做那麼多美業服務，還要上課準備考試，因此她只能利用早上的時間上課，晚上下班練習，時間排得很滿，幾乎沒有時間休息，客人看到她這麼努力，也都給予肯定。

從紋繡改變的生命藍圖，用誠懇真實來面對客戶

「我剛開始接觸紋繡時，其實沒想很多，就覺得看到好多失敗的眉毛，想要幫助別人變好變漂亮。」做了紋繡後，等於自己創業，再也不用看老闆臉色，當老闆可以自己安排時間，一切都變得比較彈性，而學習到最多的，是與客人溝通的技巧，除此之外也學著計算成本、管理層面的問題，她說明自己找員工的準則：「要有團隊概念，願意互相幫忙，也能舉一反三，另外我們是服務業所以也希望能找到活潑的夥伴。」

戴欣總是用誠懇的態度，去分析所有自己看過的實際狀況給客人聽，並幫客人評估，因此定價策略採取合理價格、不漫天叫價，服務上卻是高 CP 值，店面本身的售後服務也做得很好，會定期追蹤顧客術後修復狀況，並持續不斷提升更好的服務。

圖｜
戴欣總在忙碌的工作中抽出時間比賽與進修，
不斷檢視自己的實力

從紋繡看到的人間百態

在這行做了六個多年頭，戴欣碰過形形色色的客人，有碰過開公廟，擲筊才來找她的客人，也有受到塔羅牌的指引才來的，更有碰到許多很棘手的問題。一位客人因不明原因落髮，完全找不到眉毛的蹤跡，因此要找到眉頭的毛流非常難，還要拿尺來量，但本身臉型也不對稱，客人又很堅持一定要完全對稱，不能有誤差，最後還是在這個高難度的要求下完成了，客人也十分滿意。

讓她印象很深刻的是，曾經有附近的鄰居婦女來紋繡，看來怵目驚心，臉上有明顯的燒燙傷，眼睛潰爛發紅，經過了解，這位客人在年輕時曾被婆婆潑硫酸，因此造成這樣永久的傷害，她植皮多次、也自殺多次，最終還是堅強活了下來，她也很誠實告知客人：「疤痕組織很難上色，可能會跟妳想的有落差。」但客人卻堅定的說：「我之前去菜市場附近紋繡，但完全沒有用，但我還是想變漂亮，不管怎樣，妳幫我弄看看吧！」戴欣被她這種堅定與決心感動，也很敬佩客人還能認真工作，養活自己與孩子，除了算優惠價，也耗費許多心力在這上面，最後選擇用機器霧眉來做，幫客人強制上色成功！看到客人歷經滄桑後，終於能擁有自己的眉毛，戴欣也感到十分欣慰。

Q

給新手的建議？

我認為要用心、有耐心，也要時常反省自己的缺點，我從來不會覺得自己已經很強了，會常去看同行作品，只要看到厲害的，我就會去觀察他們的行銷與經營方式；再來就是要多注重跟客人的互動，談吐與溝通都很重要；最後是不要以賺錢為出發點，而是把每個進門的客人服務好，讓每個客人出去都是你最滿意的作品，用心出發，客戶自然會感受得到，就會一個介紹一個，客源就是這樣來的。

還有一點很重要，就是有了好技術，也不要省成本，該花的錢要花。不要挑便宜的器具，前期我不懂，沒有買到好針具，結果發現客人紋繡後的結痂很厚，留色率也不好，後來我精挑細選，買了品質好的針具，留色率變得更好，做出來的成果也很細膩。

Q

如何避免工作傷害？

真的得多運動，才不會腰痠，我固定會排一週一次健身、重訓，我們做紋繡眼睛也很容易花掉，所以我都會補充葉黃素做保養。

Q

是否曾碰過瓶頸？

剛開始做的一兩年，爽約遲到的客人很多，都會影響、壓縮到後面客戶的操作時間，導致我常做得很趕；還好後期專業度提高，客人信賴我就很少會有這種情況。我認為態度很重要，會吸引到相對應的客人，不過我一向都很樂觀，也覺得沒什麼會過不去，做就對了！

Q

有發生過經營危機嗎？

我認為在停滯期時，必須持續不斷進修新的課程，客人知道妳有心學新東西，會更信任你的，也可以透過社群平台分享心得、作品、學習紀錄等等，客人會上來看，互相分享，加上我也很樂觀，不太會在同一件事上一直繞圈圈，因此目前還沒感覺到有經營危機，只要願意改變，就有新的流轉。

Q 品牌核心價值？

Embrace擁抱是我們的核心理念，很多女性把重心放在事業跟家庭上，把最好的留給家人，卻忘了對自己好一點，因此我希望每位女性都能多愛自己一點，也期許我們能幫客人修復成最好的狀態，讓她們美美的走出去，擁抱美麗、迎接自信。

用企業化模式與創新技術，開拓新客源

戴欣的紋繡教學很受歡迎，也一直想做霧眉教學的長足規劃，目前機器飄眉在市場上算新穎技術，她認為可以從中拓展更精緻的紋繡方式，還想繼續鑽研這個新技術，傳授給其他想學的人，因此機器飄眉的教學，也會是未來課程的重點，她也提到這個技術很高端，但要控制得好不容易；她形容就像用單針畫出一條線，手要很穩！學海無崖的她，目前也在研究不同顏色紋路的上色，現在可以覆蓋白色，但她觀察到很多女生有黑色或紅色紋路，因此正試著與醫美機構研討解決方案，這些都是她未來會努力的方向與重點。

對於未來的遠景，她觀察到目前的美容行業，已經從個人工作室的形式，轉向企業化管理經營，而美容科技不斷推陳出新，紋繡技術也必須要持續提升，因此她在團隊的經營方式上不斷接受新的知識與技術，她認為這樣消費者能感受得到，也能因此取得更多信賴，「紋繡造就的美麗不是一勞永逸的，還是有重複性，打造一個有口碑的品牌，將技術磨練精進，就能更貼近消費者的需求，自然也能獲得舊顧客支持，並開拓新的客源。」

而她認為業界未來的生態，會是合作分成的模式，因此會大大的壓縮單打獨鬥紋繡師的生存空間，所以專業化、品牌化、團隊化是必要的，未來她希望可以建立一個值得信任的品牌，以技術為本，從紋繡的各種延伸運用出發，以團隊的方式，來向消費者提供完整的服務與解決方案，於是在今年擴點至全新的「Embrace艾博斯美學」，未來也打算朝新竹、台中擴點，往高端質感的美業路線邁進。

經營者
語錄

“

不需要很厲害才能開始，
但你需要開始才能變得更厲害。
跳脫舒適圈，
創造屬於自己的一片天吧！

Embrace 艾博斯美學

公司地址　台北市信義區永吉路 30 巷 178 弄 2 號 2 樓
聯絡電話　02 2571 6952
Facebook　Lala 時尚美學
Instagram　@dailala1125

S.saty Aesthetics

S 莎堤極緻紋繡

”

你的美麗，
是我一生的使命

晚間十點，s 莎堤極緻紋繡創辦人莎堤才剛結束忙碌緊湊的一天，總算能好好休息坐下來接受訪談。你可以想像嗎？從上午九點一路忙到晚間十、十一點，有時候連喝口水、上廁所的時間都沒有，更別說吃飯休息，這就是莎堤的日常。莎堤笑稱：「工時有多長，表示客戶對你的信賴有多深。」一句簡單的話，背後是滿滿客戶的支持與信任，讓莎堤時刻提醒自己不能辜負客戶們的期望，即便再累總是擠得出時間進修、學習，不論地點、時間，只要工作時間安排許可，都無法抵擋她渴望學習的心。

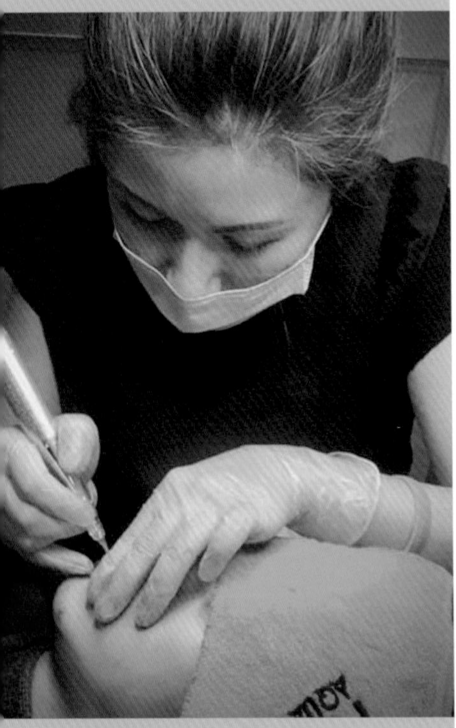

希望你看到鏡中的自己，

就能感受到喜悅與自信

「不少客戶都是特地從外縣市過來，直接包套眉、眼、唇、乳暈一氣呵成，跟著我從白天待到黑夜整整快七小時，客戶笑說好不容易預約到，當然要把自己整體調整到最佳狀態，從內而外都不可以放過。」莎堤的客戶當中，不乏原本只想「簡單」做個眉毛，經莎堤的巧手改造之下，對於成品大感驚艷，而當場追加更多項目的客人。

對於這種長時間的工作狀態，莎堤早就習以為常，或許可以說已經得心應手，在還沒成為紋繡師前，莎堤從小就是讀美容專科學校畢業，大學踏入醫美診所從事美容師，後來因為熱愛彩妝，轉而從事新娘秘書長達十餘年之久。

說起新娘秘書的工作性質，她表示：「凌晨開著車南北跑，抵達新娘家開始一天的準備工作，從事前的準備到晚宴結束，都會在一旁待命，隨時留意新人的狀態是否完美，工作結束回到家可能已經是工作 15、16 小時狀態，都已經找不到什麼言語，可以形容當時有多累，一進門看到沙發倒頭就睡。」她表示：「長期緊繃的工作壓力，加上步入家庭有了孩子，當時身體也開始抗議發出求救訊號，我才意識到不能這樣下去，當時服務的新人，都很喜歡我化的妝容，常常笑說要把它刻在臉上，才促成了現在的紋繡事業。」莎堤表示：「感謝一路上的堅持，成就了現在的我。」

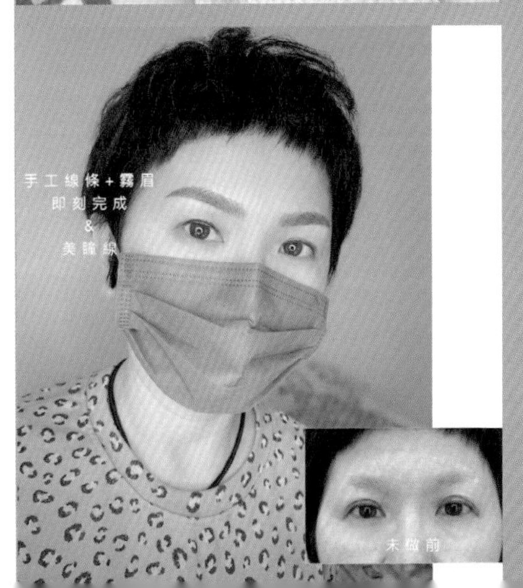

圖｜
工時有多長，代表客人對莎堤的信賴有多深，許多從外縣市慕名而來的客人，常常一待就是七個小時，從內到外的美麗都交由莎堤來施作

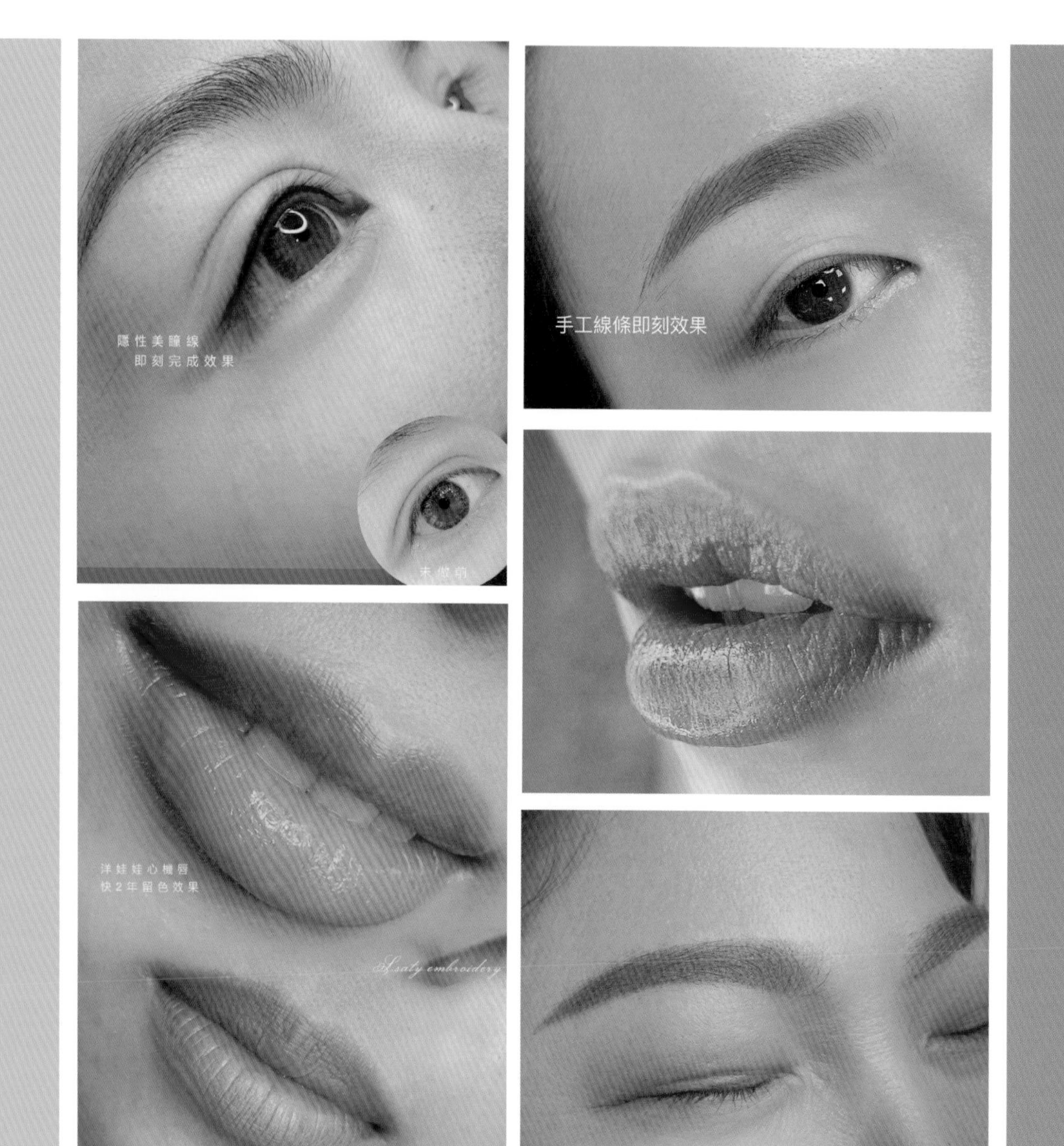
隱性美瞳線
即刻完成效果
未做前
手工線條即刻效果
洋娃娃心機唇
快2年留色效果
Asaty embroidery
未做前

一切看似不相關，
時間卻匯聚成了日後養分

「從小就立定志向要從事美的行業，我也明白，這個行業靠的不只是熱忱，它需要大量的美學知識與技術，且要不斷更新吸取業界的趨勢與脈動。」於是，從高中開始，莎堤進入美容專科就讀，從五官、臉型比例、人體皮膚構造等學科知識，到保養、美妝、美髮等技術訓練，為自己打下紮實的基礎。大學時期，更選擇到醫美診所，擔任專任美容師，實際了解產業特性、消費客群的需求，培養更深入的洞察力。

這些過往的經歷也成為日後進入紋繡行業的重要養分，莎堤表示：「我希望客人不只是被動地接受我的服務，而是要清楚了解，我是考量到客人的膚質、臉型、日常風格等因素，來設計適合客人的項目。」在討論需求及設計風格時，莎堤會為客人補充關於皮膚的醫學知識，給予充分的資訊及衛教，讓客人在整個施作過程中更加地安心。

「透過紋繡技術，可以讓大家在忙碌的日常生活中，隨時保持自信美麗，給鏡中的自己一個舒服自在的微笑。」莎堤表示，現代人生活步調極為緊湊，不管是上班族、全職主婦、或是工作家庭兩頭燒的職業婦女，根本無暇照顧自己，想要花時間打扮自己，就只能犧牲睡眠時間，而紋繡就是能夠讓大家24小時隨時保持最佳狀態，它不是濃妝豔抹，而是美得不刻意、美得很自然，這就是半永久彩妝的魅力。

極致貼心的客製紋繡，
從傾聽開始

對於愛美的消費者來說，紋繡師的角色，具備著多面向的意涵。「有時候覺得自己很像童話故事灰姑娘中的神仙教母，客人會拿著喜歡的偶像或模特兒的照片，來跟我許願；不過大部分時候，我比較像是一個朋友的角色，聆聽大家的煩惱或需求，盡我所能幫朋友想辦法。」

莎堤表示，要做到真正的「客製化服務」，第一步，就是不要先入為主。每一個客戶都是獨立的個體，舉凡臉型、膚質、眉眼間距、日常風格等等都是考量設計的因素，光是這些因素搭配下，就可以交錯產生幾百幾千種組合。「我通常不會對客人說，這個款式不適合你，而是會根據他們表達出來的想法，試畫不同的形狀在客人臉上，引導他們找到自己最適合的樣子。」

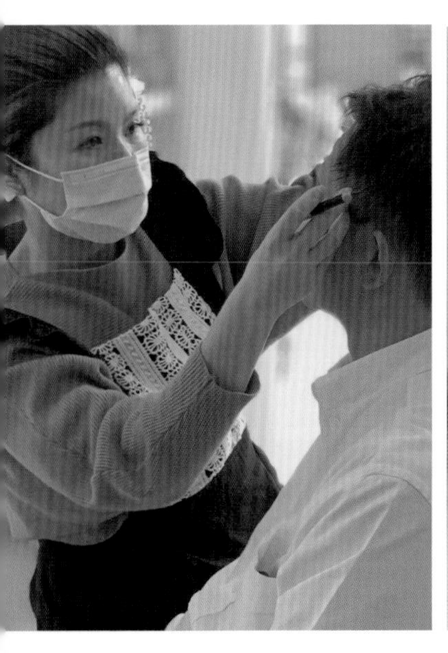

她舉例說明：「曾經有一個很可愛的男生，拿著古裝劇中的男主角照片給我看，希望能夠做一對像男主角一樣斯文、具有書生氣質的眉毛，但他本人其實是屬於方臉、髖骨線條明顯的輪廓。經過溝通過程我就明白，他是希望透過紋繡，弱化陽剛硬朗的特質，體現親和柔善的氛圍，我就能精準地為客人量身設計適合他的眉型。」莎堤表示：「因此，我習慣先與客人輕鬆地聊天，透過聊天過程，了解客人喜好及日常需求，再給予最佳的設計方案，才是真正能體貼客人需求的客製化服務。」

圖｜
莎堤在施做之前，會先傾聽客人的需求、了解體質及喜好風格等，因為紋繡上色的持續期約為一到兩年，因此要事前精準掌握方向

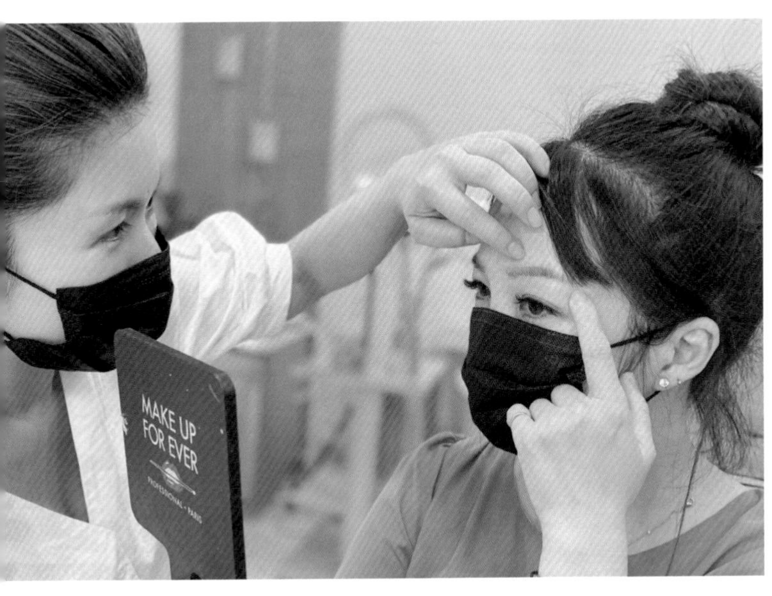

質感，

來自於經年累月的苦練

s 莎堤極緻紋繡提供的服務項目包括極緻水溹眉、粉妝霧眉、手工線條飄眉、嘴唇紋繡、美瞳眼線、角蛋白翹睫術及乳暈改色服務。喜歡偽素顏淡妝風格的客人，推薦粉妝霧眉；而喜愛自然靈動的客人首推極緻水溹眉、手工線條飄眉，這幾款眉型都能滿足各式消費族群，莎堤也會針對客人的特質去量身推薦適合項目。

嘴唇紋繡項目，則以類似唇蜜效果的妝感唇，以及提亮氣色的自然唇為主。此外，莎堤也提供乳暈改色服務，不僅提供臉部的優化改造，連衣服遮起來的部位也要力求完美，s 莎堤極緻紋繡滿足的不只是外在變美的需求，連內在美都能一起提升。

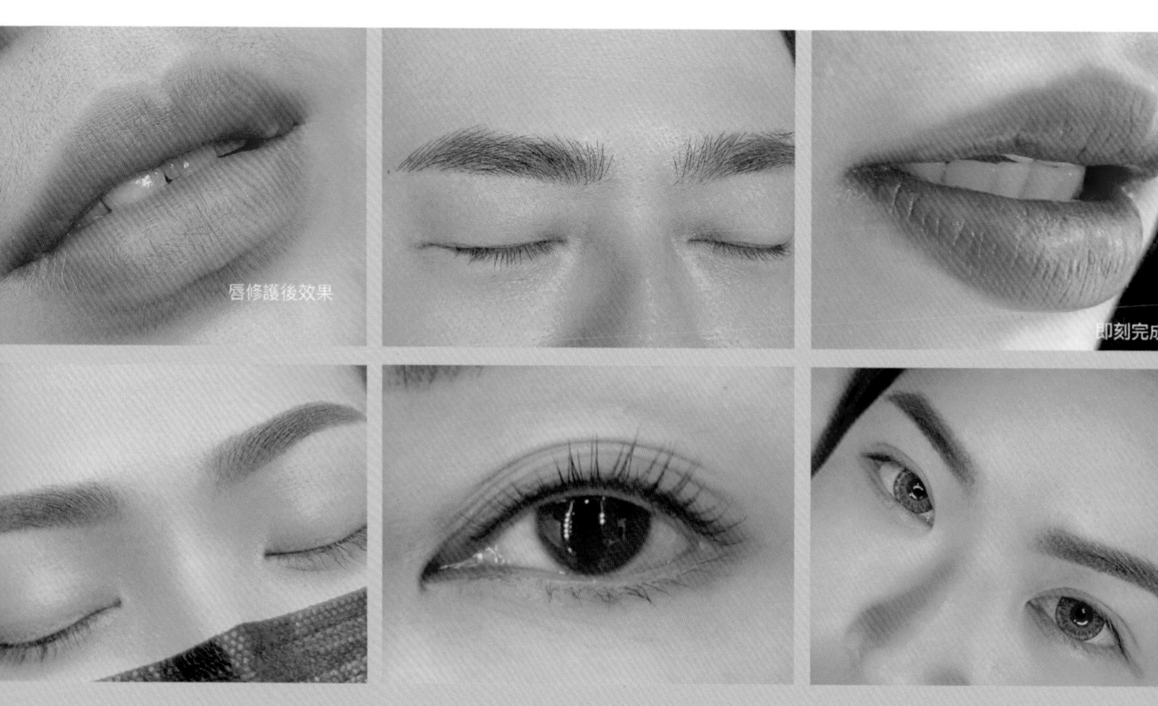

莎堤的客群年齡層相當廣泛，從高中生、上班族、家庭主婦到八十多歲的長輩都有，愛美不分年齡，看到鏡中的自己，覺得一切都值得，愛美不是為了別人，是為了自己。培養忠實客群的秘訣無他，技術才是根本。藉由莎堤巧手改造，展現客人獨特氣質，散發自信的神韻。

「每個客人的反饋都是我努力的動力。」莎堤表示：「紋繡這一門技術，永遠沒有真正學成畢業的時候，因為消費者喜好的質地與風格，也會隨著時間而改變。」基本上，就算是經驗豐富的紋繡師，也常常需要進修，來增進自己的技術與手法，莎堤兩三個月到半年為一個週期，就會去進修提升自己的技術跟經驗值，並掌握最新潮流，才能提供最細緻且走在時代前端的服務。「而在進修期間，每天只能跟孩子視訊通話了解彼此近況，看著孩子如此懂事，真的很感謝家人無條件的支持，讓我能夠安心閉關練功，專注地提升自己。」

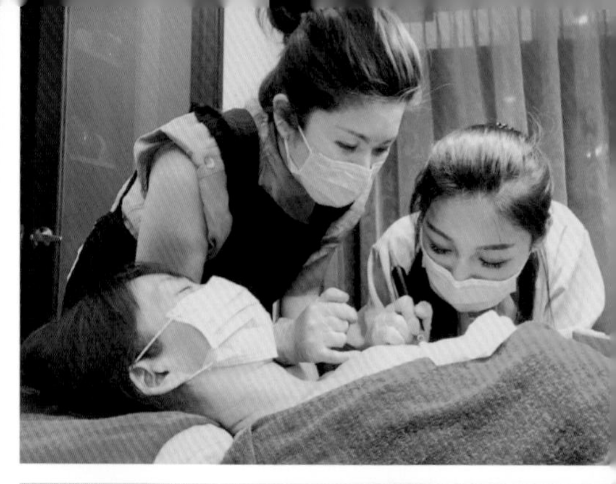

最高規格、手把手的技術傳承

莎堤不僅用最嚴格的標準來規範自己，在教學方面的嚴謹程度，也不遑多讓。她表示，入門者需要有系統地學習基礎知識，包括皮膚的各種特性、各種顏料的特性與質地、施做的手勢及力道等，然後就是要練習實作，臨摹不同的眉型跟毛流針法。

「我開課一律採取小班教學制，以確保每個人，都能完整吸收消化上課的內容。」此外，莎堤也針對想要精進手法技術的學生們，提供一對一實戰訓練課程，「一對一課程，會在我嚴厲的審視之下，現場進行紋繡施作。」莎堤笑著補充：「雖然這樣的教學模式，可能會讓學生壓力很大、冷汗直流，

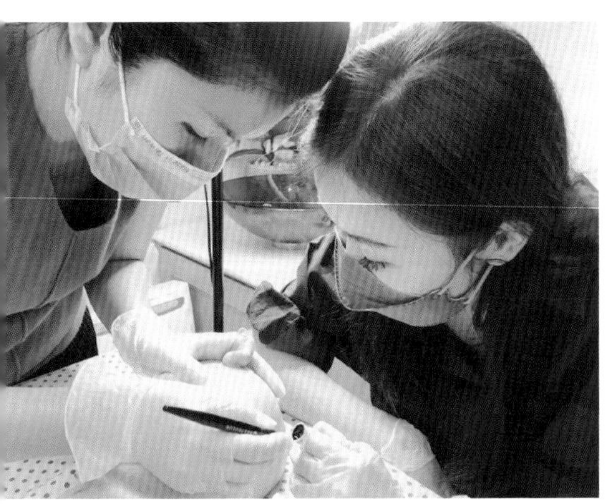

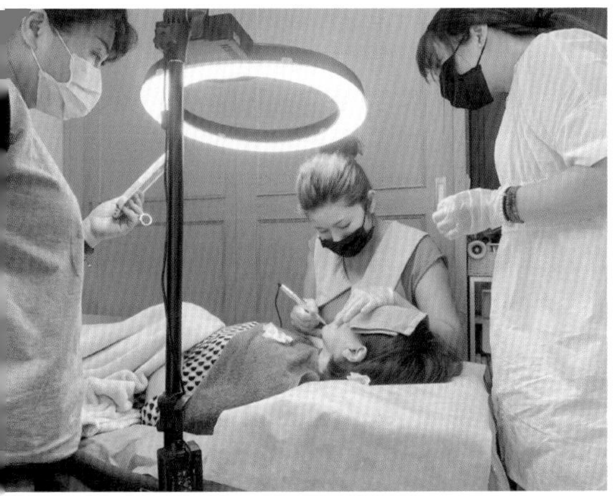

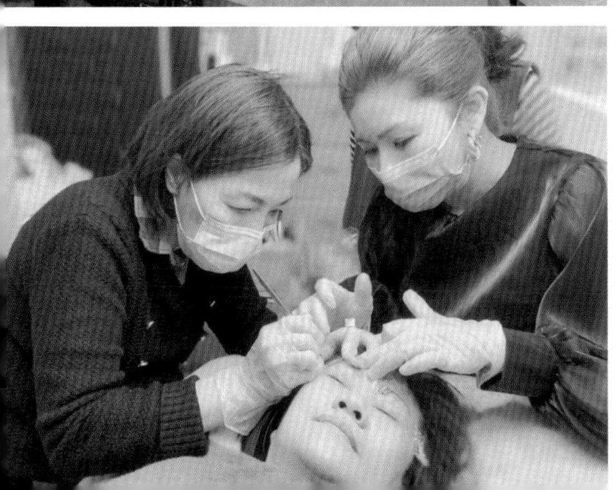

但卻是最精實、有效的訓練，爾後面對客人也能輕鬆應對。」莎堤會針對學生的「每一個」步驟來進行細部調整，以優化成品的質感，包括判斷眉毛毛流走向、操作時的力度、及色乳選配上的調整等，有系統地傳授給學生學習及遵循。

莎堤表示，這個領域不太可能出現無師自通的天才，要成為一個成功的紋繡師別無他法，就是要有一個良師引領入門，給予一套完善的教學系統，照著老師提供的步驟學習，苦練再苦練，學習再學習，終能成就一個紋繡師的誕生。

圖｜
莎堤認為，想要成為一名成功的紋繡師，比起天份，更重要的是不斷地練習與提升自己

唯有善的循環，
才能使業界一起變好

時下業界亦出現不少亂象，包括坊間出現很多為了賺錢低價開課，隨意看待教學這件事的狀況，導致許多紋繡孤兒無所適從，或是有部分只走教學的紋繡師，日益與市場脫節等，造成紋繡行業的混亂，所以，莎堤堅持留在業界繼續服務，她認為，留在市場才是最能了解第一手產業的脈動，也才能給予學生最即時的產業資訊及顧客反饋，讓產業維持競合關係，使業界一同成長。

除了紋繡教學以外，莎堤也發揮專業回饋社會，在技職高中、科技大學擔任客座講師，從根本帶領學子了解，美業技術及產業生態，不是只有學術的知識，更有紮實的美學歷練；莎堤表示：「如果問我為什麼這麼忙碌了，還要到技職學校開課，或許是我對這份產業太過熱愛投入，才能成就現在的我，所以我也希望散播良善的種子，在學生的心中發芽，讓學生們也能對這產業充滿熱忱，在這產業發光發熱。」

圖｜ 莎堤一邊投入教學，傳承技術與觀念，同時也堅持站在市場前線，吸收最即時的反饋及市場資訊，提供給學生們

經歷

- 專業紋繡 8 年資歷
- 新娘秘書整體造型 13 年資歷
- 台南 C'EST BON 金紗夢婚禮特約造型師
- 米堤精緻婚紗特約造型師
- 風荷時尚婚紗特約造型師
- 台南帝芬妮特約造型師
- 嘉義市私立東吳高級工業家事職業學校美容科兼任專業講師
- 台南市私立長榮女子高級中學 103 年度
  （創意無限計畫業師協同教學講師）
- 台南應用科技大學美容設計系 105 年度
  （實務增能計劃學生校外實習前座談會講師）
- 康寧大學保健美容系業界協同專業講師
- 108 年度新住民子女職業技能精進訓練教師
- 109 年度中華盃全國美容美髮美儀技術競賽大會擔任美容評審
- 111 年度璀璨東吳盃技能競賽活動擔任美容評審委員

善用溝通軟實力，
成為客人最信賴的夥伴

「到目前為止，八年多的紋繡師生涯當中，我幾乎都是單純靠著品質與口碑，慢慢累積出自己的客戶群。」

莎堤表示，她的第一批客人就是新秘時期所認識的老客戶，之後客群就像滾雪球一樣，自然而然地擴散。現今資訊流通快速，消費者上網就可以查到商家評論，還可以進行服務比價或跟網友交流消費經驗等，而s莎堤極緻紋繡所得到的評價，幾乎都是五星好評，且其中不少評論，都特別提到了莎堤本人在諮詢過程中，展現的專業分析及耐心引導的溝通能力。

莎堤指出：「溝通能力是最強大的資產，也是凝聚客戶忠誠度的核心。這就是為什麼溝通能力，會這麼的重要。」而再多的經驗值及高超的技術，也不能保證品牌就能永續經營。「必須要有敏銳的觀察力，去發掘客人獨有的魅力加以強化凸顯；在經營個人品牌時，也是同樣的道理。」除了具備最根本的技術，還要找到自己獨特的賣點，才能創造獨一無二的品牌價值。

莎堤認為，除了施作技術與質感，溝通軟實力也是凝聚客戶忠誠度的核心。

圖｜s莎堤極致紋繡店內一隅

Q 莎堤老師 8 年紋繡經驗中曾遇過哪些困難？

與其說困難，我認為是客人們的信任給了我很多突破自己的機會。我的客群年齡層蠻廣的，熟齡客人的皮膚彈性度及膚質狀態拿捏度都要控制好，才能做到最佳狀態，留色漂亮又把皮損降到最低。

Q 莎堤老師的紋繡日常中印象深刻和溫馨的片段可以和我們分享嗎？

很多定居國外的客人特地回台灣找我紋繡。逢年過節線上預約就是爆炸的狀態（笑），我的工作室也變成很多海外遊子與媽媽和好姐妹一起變美的溫馨地。另外，這幾年也有海外學生不懼疫情，特地從英國回來找我學習，想把台灣紮實的技藝和美學帶到國外。

Q 您前面提到紋繡教學，能請莎堤老師分享更多教學理念和對台灣紋繡產業未來的期許嗎？

我的教學堅持小班教學，並且一對一技術指導，這樣才能看出學生手法是否正確，立即糾正調整。學生信任我而來到這裡，我就有責任把自己知道的一切傳授，回應他們的期待。看到越來越多人對紋繡感興趣我是開心的，唯有好的傳承，業界才能在「善和美」中無限循環。

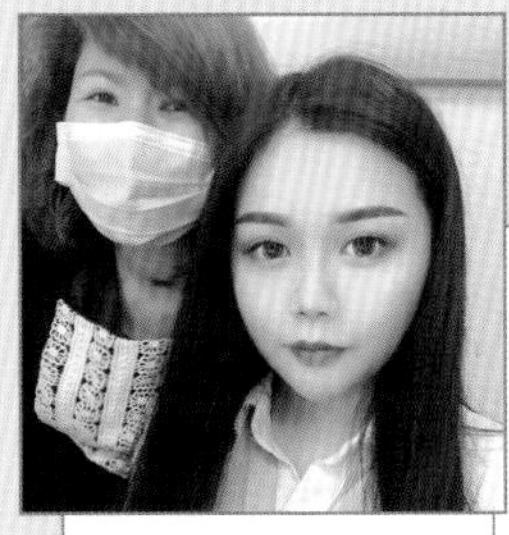

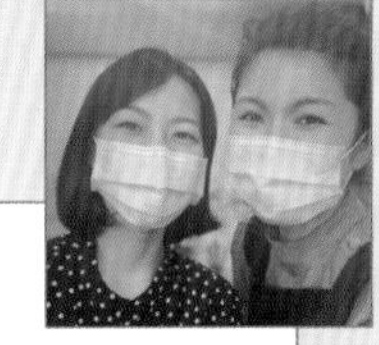

推薦了**台南東區s莎堤極緻紋繡**

眼線和嘴唇做完後改善很多，幾乎看不到原先的嘴唇暗沉，cp值很高
預約變美要趁早。

看到媽媽做了兩年的眉毛留色率還那麼好，馬上預約了
做完馬上拍一張 完美 過程完全睡著 超好看的

若干年前有學習過繡眉，雕美也做了許多客人，但總覺得不夠完美，經過多處的詢問，輾轉找到這位老師，再度進修，這位老師跟之前學習截然不同，老師不藏私教導，又親切，讓我在霧眉又進了一大步，總之太慢認識老師，之前繳的學費感到浪費，想要學霧眉的朋友這位老師值得推薦，大推

推薦了**台南東區s莎堤極緻紋繡**

店家服務品質很好，會與客人細心討論協調完成客人滿意的眉型
解決我多年來後面無眉尾的困擾
#男士線條眉做起來效果真的很自然！

推薦了**台南東區s莎堤極緻紋繡**

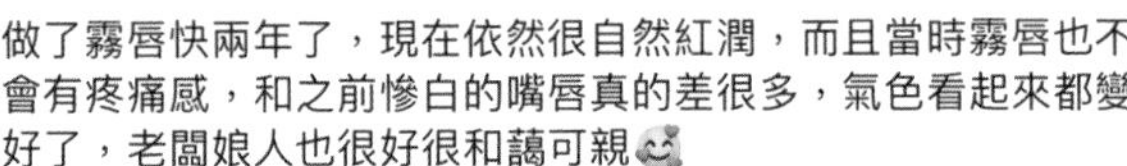

做了霧唇快兩年了，現在依然很自然紅潤，而且當時霧唇也不會有疼痛感，和之前慘白的嘴唇真的差很多，氣色看起來都變好了，老闆娘人也很好很和藹可親

真的要大力推薦，第一次跟老師碰面就像看到自己好朋友一樣如此健談，完全沒有任何架子，跟自己的大姐一樣很接地氣啦哈哈，到現在碰面也三次以上有了感受還是一樣，我卻都忘記分享給大家，我個人很注重對方給我的感受跟態度，相處好才會讓人有滿滿的安全感也能比較安心交付給她，也才會心甘情願掏錢哈哈，但重點老師不推銷也不會亂說一些沒意義的東西，就是非常專注在於設計跟溝通，再把最專業的知識解釋說明給消費者，完全不留一手，再加上本身又是美容師出身的老師，在閒聊之餘會細心觀察，皮膚狀況什麼的，給予一些建議或分享她使用過的一些好物，全程就像跟自己家人或閨蜜一樣，充滿溫馨感，操作過程也會一直關心狀況，直到結束還是不忘叮嚀事後保養問題，總之我覺得CP值很高，值得推薦，但老師行程真的比較滿，急得朋友就不推薦唷，美好的人事物都需要耐心等待的

★★★★★

遇見莎堤老師是今年最幸運的事之一！
我定居在英國，雖然工作和美業沒有很大關係，但一直對美的事物感興趣。經過這次疫情，萌生學習新技能和創業的想法。跟莎堤老師通話諮詢過幾次後，覺得是位非常仔細且真誠的老師，於是買了機票就衝回來了！
事實證明我的決定沒有錯，老師真的是非常負責又不藏私的好師父，就算課程結束，也會定時關心我們的進度，給予很多創業和行銷上的建議，讓我感覺自己的創業路充滿被提攜的安全感
老師讓我印象最深刻的一句話是「市面上常見的技術我都教給妳了，沒有所謂的優劣好壞，找到最適合自己的就是好技術！」。希望所有想從事紋綉的新人都能和我一樣找到技術過硬、充滿熱情和善意的良師！

s 莎 堤 極 緻 紋 繡

FACEBOOK

LINE

INSTAGRAM

經營者
語錄

“

成功沒有捷徑，
通往成功的道路，
只有一條，
那就是堅持。

S 莎堤極緻紋繡

公司地址	台南市東區裕誠街 281 號
聯絡電話	0921 852 977
Facebook	台南東區 s 莎堤極緻紋繡
Instagram	@a0312aaa

喬比 Makeup
頂級手工紋繡

”

在愛與美的奇幻象限中穿梭

喬比 Makeup 頂級手工紋繡主理人 Albee，自小熱愛有關任何「美」的事物，愛美是女人的天性，若是將「美」的散播成為一種使命，那會是多美好的一件事。曾經在國際知名彩妝品牌擔任彩妝師的她，擔任彩妝師期間發現「精緻」、「方便」在女人的臉上是非常重要的「美」，由此為出發點創立紋繡工作室，讓每一位女孩即使素顏也可以很美。

說到「美」的啟發，自學生時期就察覺自己偏愛美的事物，從兒時記憶的畫畫素描一塊塊拼湊起對美的興趣。從接觸這個技術到創業至今七年，雖說這七年來每天日復一日的生活，但她更加肯定熱愛著這份技術跟工作還有散播「美」的心。

關於創業初衷

主理人 Albee 本身是美容科系畢業，從學生時期開始學習美容彩妝，累積了超過十年以上的美妝豐富資歷，創業前兩年同時在進修新娘秘書的 Albee，同時還擁有彩妝師的正職工作，在一次巧合之下替朋友做了紋繡，當時只是把紋繡當作一種興趣，覺得很有趣、也做得很開心，沒想到一次「美麗的巧合」之下，開始越來越多人口耳相傳推薦介紹。

沒想到預約紋繡的客人越來越多，同時也有外縣市的客人慕名而來，慢慢的紋繡業務開始佔據了她大部分的時間。因此 Albee 開始思考未來的方向，經過不斷學習與探索，她發現自己最喜歡紋繡，且對於女孩來說眉毛會是整張臉的精髓，粉嫩唇是好氣色的重點，眼線更是很多女孩的罩門，所以最後決定在紋繡上鑽研，並更精進且專業化紋繡，Albee 就順勢成立自己的個人工作室，正式開啟了她的創業之路。

創業的初衷很簡單，就是很單純地喜歡美容業更是享受讓人變美這件事，因此涉略很廣，從學生時期接觸過美髮、美容、美甲、體雕等任何美容產業都嘗試過，也因此培養了極高的美學程度，目前鑽研紋繡及創業至今已經七年，未來將持續在這個領域中前進。

圖｜主理人 Albee 曾經出國參加比賽榮獲獎項
圖左下｜ Albee 與各國評審合照

WORLDWIDE
EXCELLENCE AWARD

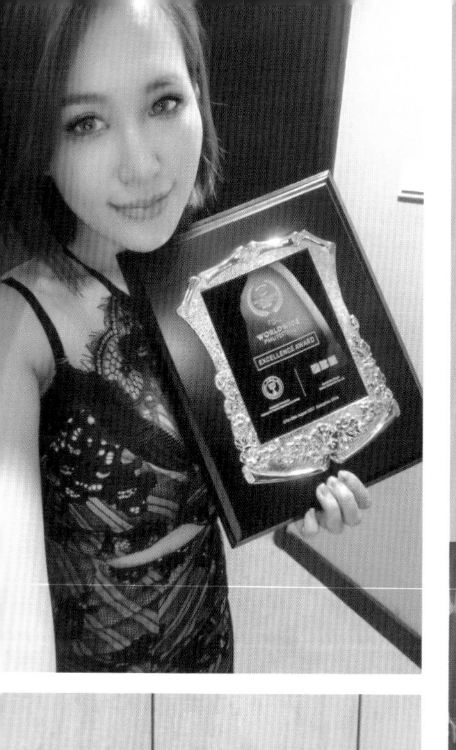

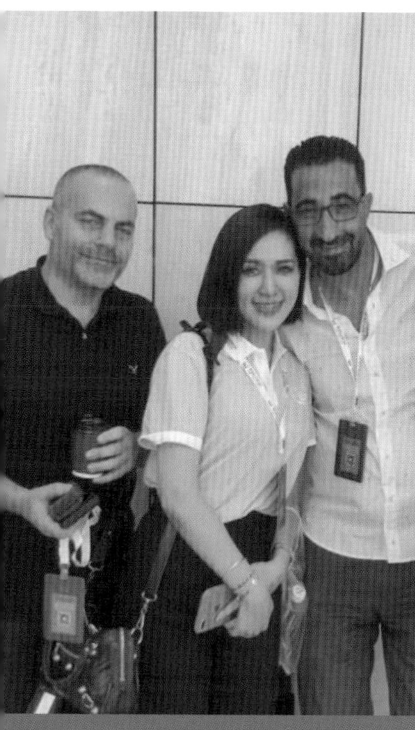

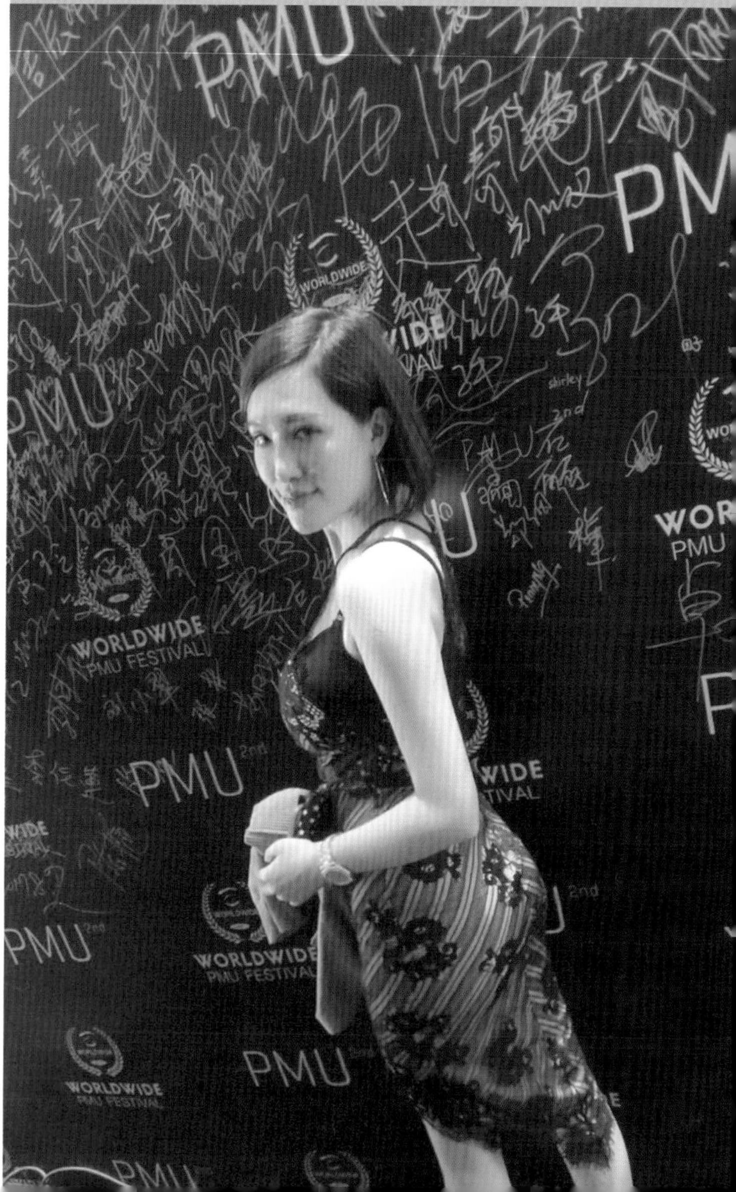
PMU
WORLDWIDE
PMU FESTIVAL

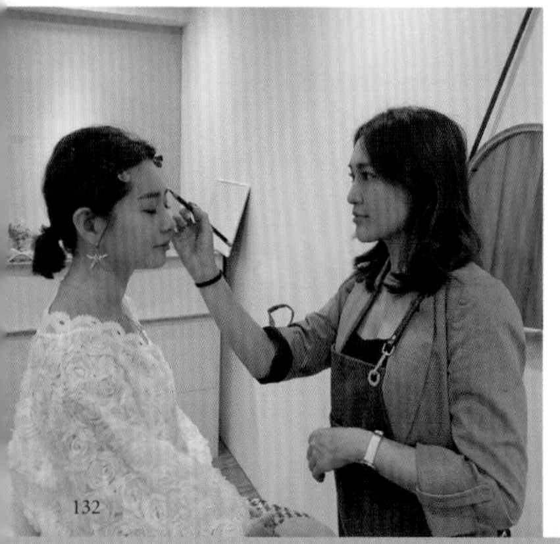

工作上的分享

喬比 Makeup 頂級手工紋繡的招牌課程是紋繡眉毛嘴唇，再來是眼線及髮際線。很多人不會畫適合自己臉型及五官的眉毛，或是對於畫出完美的眉毛需要花很長的時間，這是普遍令一般人困擾的現象，而且眉毛是五官中最能凸顯立體度的位置，因此也有不少客人從預約眉毛先開始，而一些時間上相對繁忙的女性客群，也會跟她反應沒時間化妝的狀況，主理人 Albee 會跟客人分享紋繡後的效果及帶來的便利和好處，為了美麗、也為了便利，許多客戶通常會三種課程一起做。

Albee 分享紋繡市場的現況：「會做唇的老師相較於眉毛少，是因為技術難度和成本較高，考驗也較大，畢竟每天都要吃東西，有些客人一開始會擔心照顧層面的問題，但其實韓式手法可以正常碰水吃東西，約三天左右脫皮後更自然好看，剛做完也不會很突兀，就像擦著比較顯色的口紅罷了。」

圖上｜眼唇紋繡是 Albee 的招牌項目
圖下｜ Albee 對色彩的感知相當敏銳

對美感的啟蒙—敏銳的色彩色階

說到主理人 Albee 對美的啟蒙，最早可以回溯到國小時期，當時的她對藝術很有興趣，有學過素描跟畫畫，小時候去看電影，都會很直覺地注意主角穿著配色、場景色調與燈光氛圍，處在青春少女階段對於任何「美」的事物都很有興趣，由於興趣很多，那時候不確定自己要的是什麼，尤其當興趣變成了工作及事業，那又是另外一回事了。

學生時期的 Albee 測過絕對色彩學，那次測試發現自己是百分百的精準，像是藍色可能有非常多種，天空藍、蔚藍色、藏青色，她都可以看出其中色階的差異，家人與她開始意識到自己擁有極高的美學敏銳度，這對於喜歡色彩的她也對自己多了更多自信。

進入紋繡這行之後，Albee 發現這個服務可以讓客戶變得更有自信，也讓女生知道要更愛自己，畢竟無論任何階段都別忘了「女為悅己者容」，這是很多客戶給她的熱烈反應，也因此讓她越來越喜歡這個產業。

最近來了位漂亮女客人，由於出車禍，嘴唇有縫線、上唇被縫合，只看得到下唇，由於非專業的醫師沒有碰過這種個案；車禍傷口、燒燙傷或是各種皮膚可能壞死的情況，都是不能去保證的。縱使這個客人操作的難度跟風險都很高，需要非常專注，也是較大的考驗，但當顧客說明此疤痕令她感到「自卑」，就燃起 Albee 想要幫客人找回「自信」的心，透過多次來回的溝通諮詢，在做完嘴唇的頃刻之間，客人看見呈現的樣貌比想像中的感覺更好，看見「那份笑容」她就覺得一切都值得了。在那之後，某位朋友分享給她看，她才發現此客人為她寫了很長的回饋分享文章，這讓主理人 Albee 覺得很有成就。

將客戶的細微想法放在心坎裡：用有溫度的方式溝通

主理人 Albee 所做的服務最大的特色是：會把客人的話放心裡，即使是隨便的一句話、無關緊要的小事。

由於客戶的共同點都是對於美很要求、精雕細琢，對漂亮的事物很有研究，甚至有人會問她「長得不漂亮也可以來做嗎？」、「你會做像我這樣普通的素人嗎？因為你的客人都很美。」Albee 回答：「每個女孩都有獨一無二的美，不要羨慕、比較他人，每個人都有更美更愛自己的權利。」這也讓 Albee 察覺到大多女孩其實是沒自信的。

在諮詢時，將客人當作朋友般聊天深入溝通，有預留大約一至一個半小時聽顧客細說他的想法，從中知道對方的個性、狀態、日常喜好、審美觀，甚至會問到喜歡哪個藝人或是作品，過程中可以得知客人喜愛什麼風格的妝感。「我的客人喜歡把天馬行空的想法跟我分享，讓客人把感覺很清晰明確地傳達是很重要的，他們也會拿喜歡的圖片跟我討論。」

因此她很喜歡聆聽客人的想法，走向有溫度的溝通，不過 Albee 的專業理念與感知強烈，如果諮詢過發現想法差異、或是此專業領域做不到的，她也會清楚表明，她曾經碰過眉毛稀疏的客戶要求要做很淡很淺色的眉毛，卻又想要做一次達到完美，更要求維持個二、三十年都不會掉，這跟現在半永久紋繡所呈現的自然感與使用色料是相違和的，Albee 會耐心講解：「早期紋繡用的色乳可以維持幾十年沒問題，但不自然，也會有變色、暈色的風險，現在我們使用的色乳是植物性色乳，不含任何金屬成分，可以維持一至三年，隨著個人膚質、體質、新陳代謝慢慢變淡。」在補色時間上，她也會給予很中肯的判斷，出油肌膚、眉毛量少，會提醒客戶一年左右回來調整補色，如果是眉毛與肌膚條件都很好的，她也會直接跟客戶說：「正常照顧，可以兩三年再回來補色沒問題！」

圖｜Albee 把客戶的每一句話都放在心坎裡

未來將打造 VIP 高質感環境

給顧客更好的體驗

目前喬比 Makeup 頂級手工紋繡的環境屬於小而溫馨，是冷色調與木頭材質為主的溫馨風格，注重服務的她，採取一對一服務，都是 Albee 親自操作，所以只有一張美容床。目前的所在位址機能好，離捷運站只有 30 秒，等於到站就到店，對於目前的客群來說是最為理想：不論是從外縣市，或是從美國、澳洲、日本來做的客人在交通上都相對便利，目前是個人工作室，一對一的環境也很剛好，因此先以這個舒適的空間為主。

未來的風格會以金色調為主、配色採用白色，環境採光好再放上綠色的植栽，如此的基調配置讓人在此特別放鬆享受。

以前曾經設立過招牌，因此吸引到很多路過店面諮詢的顧客，希望全部採預約制的她，也是為了包含諮詢能將完整的一個時段留給顧客，並非是現場擠了很多排隊等待的顧客那樣的狀態。因此她索性選擇拆掉招牌，一律採取一對一預約制，她認為這樣才能給予每一位預約的顧客更好的服務品質和更舒適的過程。

主理人 Albee 也坦言，當初想要的理想工作室，是一樓的店面有玄關，裡頭將一隅打造成攝影棚，最好是有隔間讓客戶保有安全感，環境也必須如同現在一樣簡單、溫馨、乾淨，幾年前去台北開店時，有實現過這個夢想，但後來因為顧客都還是想預約她本人操刀，讓她開始一個月南北兩邊跑的生活，面臨各種人力及交通成本的問題，讓她又決定回到自己熟悉的高雄獨立做起；未來待人力到位，還是會想要打造最適合客戶的地方，因為客群層次都是偏向有經濟能力的，有藝人、部落客、造型師、醫生、也有業界菁英人士，甚至有很多從國外來的客人，疫情前也有承接港、澳開團包機請她到當地施作紋繡。

心思細膩的 Albee 與客戶的關係非常密切，「要有適當安全感、舒適度夠、及在繁忙抽空前來能夠好好的放鬆。」也因此讓 Albee 萌生想要打造更美好的環境，且之後獨立諮詢與操作的區域，將與甜點店、下午茶店提出異業結盟，也可能會找厲害的師父來現場做甜點，客人品嚐後若是喜歡，即可以外帶回去吃，想要為客人帶來更豐富且高質感的服務。

從紋繡學會
溝通的藝術

「關於人與人的溝通，曾經的我以為我很會，踏入美容產業接觸紋繡後才知道，自己有很大的進步空間。」Albee 認為自己創業做紋繡後，學會最多的是「溝通」與「聆聽」，這與她當消費者時的心態有很大的關聯，她描述自己當消費者時，是百分百相信專業人士，不管是做臉或染髮，做任何美容項目都是，因此當她變成紋繡師，自然而然的也認為客人應該要理所當然地相信專業，因此初期的 Albee 比較堅持自己的想法與理念，後來發現溝通真的是一門藝術，過程中未必能跟客人取得共識，提供適合客人的建議也未必會被採用，但是 Albee 後來發現：「客人如果堅持做自己喜歡但未必適合自己的，當下可能很開心能按照自己的喜好，但回去身旁的人給的回饋也很真實，發現不適合自己，最終還是會怪紋繡師的。」因此她後來在結合自己的專業與客戶的審美觀上取得平衡，每次紋繡前都會花很多時間溝通。

管理員工是
一門抽象的藝術

喬比 Makeup 頂級手工紋繡目前位於高雄，由於外縣市客戶多，很多客人私訊盼望她開分店。為了節省客人跟自己的時間且提供更好的服務，她認為可以試試，做足準備後就至台北東區展店，當時高雄的客人依然很多，她原本以為可以把培訓好的紋繡師留在高雄，自己在台北專心打拼，也可以一併訓練台北的紋繡師，結果卻跟想像中不一樣，由於 9 成的顧客都是口碑相傳介紹為她的手藝而來，變成每個月都要台北高雄輪流跑，最後實在疲憊不堪，決定台北店租約到期就不再續約，變成與其他人合租工作室，目前偶爾還是會安排幾天，特地上台北操作北部的顧客。

當時候拓展分店時需要工作夥伴因此廣徵合夥紋繡師，當時來了 46 名應徵者，從中挑選有志之士培訓，最後挑了三位親自手把手教學，這些紋繡師都有上過她的紋繡課，彼此間像是合夥的合作關係，也給予她們高於業界的抽成，會這麼做也是主理人 Albee 認為：「紋繡師都是一對一服務客人，會需要很細心的服務，因此我願意多分潤一些報酬，將心比心，可以激勵紋繡師更專注在專業及服務。」

當初因為自己的客源都是透過口碑沒有任何商業廣告之下，只有額外幫自己培訓的紋繡師買廣告做網路行銷，紋繡師後來卻因為個人因素、未來規劃選擇離開。主理人 Albee 表示：「訓練一位紋繡師的時間很長，必須至少三個月以上不停的練習練習再練習，下班及休假時間都還得繼續培訓，投資成本與時間都太高，但過去都當成是經驗，未來若有培訓員工的部分，將會更謹慎規劃完整規模的培訓流程。」

原本 Albee 有請小助理，分擔一些文書或是諮詢方面的工作，但助理並不是技術者，許多東西還是要她親自處理，變成整天都忙不過來，平均每天要接六個客戶，一個客戶要做兩三小時，已經持續五年幾乎都沒有好好休息了，不過回想起那時自己從不後悔，那都是未來成功的養分，未來還是會希望能拓展分店、組織團隊，為更多顧客提供服務，因為目前預約都要提前兩到三個月的，這些計畫並沒有那麼快執行，希望在不久的將來能夠跟大家見面。

沒有基本管理哲學，當時只是想得很輕鬆，認為合夥人不需要被管束，只要做好自己的本分就好。當時的她就是純粹信任，沒有想得那麼複雜，認為「讓合夥人賺到錢、休假可以自己排、還可以有時間陪伴家人，不影響顧客預約的情況下，安排得宜想出國一周都沒問題。」只要做好該做的事應該沒那麼難，卻沒想到管理及合作最不容易，主理人 Albee 認為這些管理層的事務，是她當時沒有去細想的。

因此 Albee 也有跟開分店的美容業朋友聊過，整理出一個結論：「跨縣市的店長，需要自律性極高、理念接近相同，倘若未有達成共識的跨縣市合作夥伴很難久待；但是說一做一，很積極主動的夥伴，未來也可能什麼都學會了就出去開店。」世上沒有百分百完美的事，期望年底將會有計畫跟大家見面，她說：「希望可以把當時不足的缺角都圓滿起來。」

先從外貌改變想法，
再從想法改變人生

「紋繡讓我變得更有自信，如果我當初沒做這件事情，可能沒有辦法擁有讓人變得更好、更美的衝勁！本來沒有覺得自己有多大的影響力，後來才知道做紋繡的價值，不只是形於外的漂亮，還能深入內心，給予人更愛自己的自信。」這是主理人 Albee 從事紋繡所找到的理念與價值。

Albee 分享讓她印象深刻的顧客，那位客人是一位婚後忙碌於家庭，沒時間打理自己的家庭主婦，這位客人來的時候一開口就說：「我想操作全部紋繡項目！」看她篤定的眼神，卻也提到自己這輩子沒有做臉過、沒有染過髮、更沒有做過指甲，卻一開口就要求要做全部的項目，並說是因為一位跟自己同年齡、卻看起來很年輕漂亮的客戶介紹的。這讓主理人 Albee 很是好奇，細問了原因，才知道這位客人真的沒做過美容產業的任何項目，為了丈夫埋頭苦幹多年、耕耘家庭有成，沒想到丈夫竟然有了新的對象，跟自己差不多年紀，但是卻是很用心打扮自己的漂亮女性，這讓她大受打擊，於是決心來找 Albee 改頭換面。看著這位想要找回自信的客人，Albee 也細細了解她的心境與需求，「顧客紋繡完之後，重拾了一些自信，後來她還給我回饋，丈夫覺得她有很大的改變，變得很會打理自己，於是也開始跟她一起聊染髮、指甲等搭配的話題，夫妻間的生活變得比較有情趣，話題變多感情也變好了。」後來這位客人幾年後有回來補色，看起來與過去第一次見面相比更是自信快樂，這讓 Albee 覺得紋繡是一件很有力量的事，讓每個人都能看到更好的自己！原來散播「美」是如此的有成就感！

紋繡產業生態下所隱藏的危機

主理人 Albee 認為現在的紋繡市場暗藏危機，這兩年越來越多人在美業市場上創業或兼職，除了削價競爭的狀況，市場上也有急迫想開業，但經驗還不足的紋繡師，讓紋繡業近幾年的消費者多了疑慮少了信心，這也是紋繡產業未來可能會越來越辛苦的原因之一，因此她認為想要嘗試紋繡這行業的人，必須了解自己是否真的喜歡紋繡這件事，但要怎樣判定自己是否喜歡，首先必須花很多時間練習跟磨練自己的心志，來查驗這段辛苦的過程，有沒有帶給你成就感，畢竟紋繡與美甲美睫是完全不同的，後兩者做失敗了，要卸除都是很容易的事，但是紋繡做失敗就是大工程了。她說：「我的預約算穩定，主打口碑行銷，又是預約制，其實就是做好自己的客人就好了，但連我這樣的狀態，在跟客戶溝通時都可以發現客人對紋繡市場上的疑慮跟擔心提高了。」

Albee 認為技術的產業都需要磨練，「我會建議學生要練個至少三百張假皮，做到漂亮、手感好才能繼續下一步。」這都是 Albee 與同業常聊到的問題，沒有將技術層面提升至相當的水準，就在顧客的臉上操作，這對美容產業與紋繡市場是有傷害的。

因此縱使 Albee 的客人來做紋繡，如果批評別間店操作的紋繡做得不好，她也不曾隨之起舞，反而會很理性客觀分析問題，不會一味偏向客人，她認為要將心比心：「客觀聆聽，客觀給建議。」

「我們同業朋友有群組，大家都有同感，如果店家以別家失敗的照片為行銷主題，這樣的好處是短暫的，就是間接讓消費者認為整個市場的失敗率都很高，也讓還沒嘗試過的消費者害怕，我認為最後還是可能傷害到紋繡產業的。」對於紋繡業的整體未來 Albee 抱著隱憂，所以只能用正向思考去改變和感染。

Q 如果不做紋繡，會想做什麼？

很喜歡美容產業，可能還是會繼續做與美妝相關的事情吧，因為我是一個很熱愛分享的人（笑）拍拍自己想畫的彩妝影片或是美妝 Youtuber，這就是我想做的事。

Q 產品服務項目？

主要招牌就是紋繡「眉毛」、「眼線」、「嘴唇」三大項目，大多客人都會一起預約同時操作。我的服務偏重在紋繡，細項有分「妝感柔霧眉」、「長效飄霧眉」、「男士自然眉」、「粉嫩蜜桃唇」、「隱形內眼線」、「妝感美瞳線」、「精雕髮際線」、「居家美牙」、「客製化彩妝」等，也有提供紋繡髮際線、粉嫩乳暈等少數客群需要的服務。

在諮詢中找尋客人可能會喜愛的效果來判定，會從聊天、生活、膚況、工作需求來做判斷，操作時我會同時運用手工與機器，成品會以最適合客人的效果為主。

我的課程也很多人私訊詢問，但我會先聊聊理念與模式，有一致性才會教課，那種因為失業而急迫想開業，無法專注在練習技術的人，我不會開班授課，因為對「美」沒有相當高的忠誠度是不會賦予成品靈魂的。

我教學都是一對一，最多一對二，從零經驗到來精進進修的都有，畢竟我覺得教學授課這件事，是會變成一輩子的關係，未來學生出去開業，他的作品如何，也是我會很在意的。儘管每個人情況不同，也不可能百分百複製，但還是要有自己的責任感，學生出去做，打著是我教的名號，若是口碑不好我也會覺得很崩潰。

圖｜ Albee 至韓國學院授證

Q 關於貴人？

（沈默想了快 30 秒）我覺得我的貴人真的就是客人耶！因為我剛開始完全沒打廣告，就一直有人介紹來，還都不知道是誰介紹的，讓我常常滿約，真的是非常感謝。

而當時要從一個員工的角色跳脫到自己開紋繡工作室，心態上我也蠻慌的，因為當時進修完紋繡後存款是零！所有的存款都拿去進修技術，想到自己做老闆可能沒辦法每天都有滿滿的客人，也會擔心沒有人預約怎麼辦，當時真的很擔心沒有穩定的收入，又沒有退路，曾經有想過要不要就兼職算了，還好身邊的朋友對於我創業都非常支持，他們比我都還更相信我自己，這是支持我闖下去的力量，加上自己非常熱愛「美」的任何事物，當時候認為何不試試看呢？反正當時零存款的我，確實也沒有退路了（笑）自己從小也想在未來的某一天是從事和「美」有關的工作，於是乎就頭也不回的試試看了！同時也覺得自己非常幸運，時時刻刻都在感激。

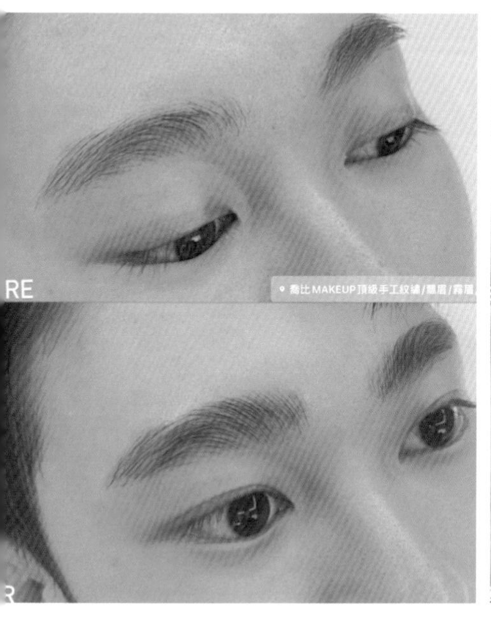

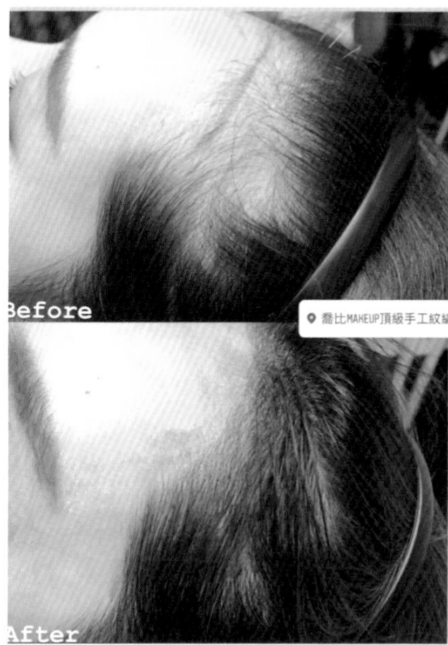

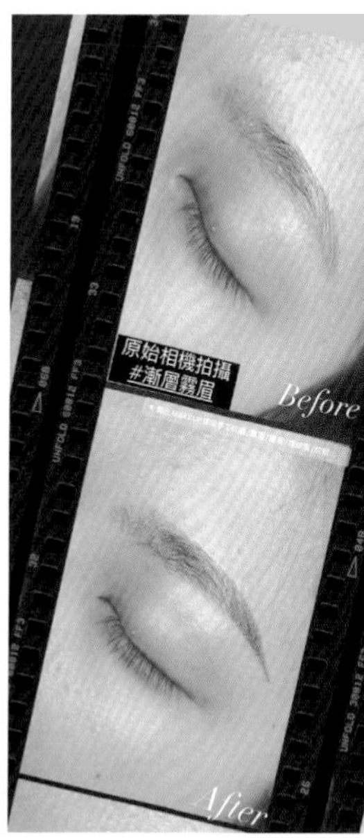

Q 紋繡眉毛技法的差異？

紋繡有分飄眉、霧眉、飄霧眉，三種技術我都做，都可以做得很自然或妝感，看客人的需求與喜好，會依照顧客狀況去設計，差別在於飄眉就像做毛流，在眉毛的空隙中飄眉上去，霧眉看起來就像畫好眉毛的樣子，而飄霧眉就像天生眉毛就長得很好，又帶點眉粉底色的裸妝，飄霧眉最熱門，而且做眉毛的男客人也很多，他們很滿意成果。有一位客人是球員明星，間接在新聞上提到，也因此許多客人慕名而來。

Q 對紋繡流行趨勢的看法？

目前流行沒有妝感的素顏系，像是眉毛就偏向亞麻色調、冷灰感，要做得自然就更需要技術，做得很明顯反而好做，我認為自然跟最適合自己的就是長久的流行趨勢，永不退流行。

圖｜
無論男女客戶，主理人 Albee 都能駕輕就熟

Q 如何行銷？

一開始踏入這產業是興趣，跟我原本的工作有關，但這是第一份創業，不知道如何行銷，只能說我的客人都很好，會一直幫我轉介紹。紋繡一天都能接 4 至 6 位客人，因為真的比較忙，下班就馬上回覆顧客訊息，作品都不定時更新，有時候更新較慢請多包涵！

之前曾做過 VIP 會員卡、有折扣，但我發現客人根本沒把會員卡放心上，我的客群大多不在意折扣多少錢，或打折等等。舊客回來的很多，幾年後都還是會回來補色，我的客群通常只在意每次的成果，主顧客群偏向愛漂亮、很有自己想法但也對我的專業很信任，多半最在意有沒有被徹底了解需求，因此也意外讓我的口碑行銷做得很好，但我自認網路行銷真的沒做得很好，還在努力學習中；目前有在社群媒體分享化妝小技巧，也有在做彩妝影片教學，也希望透過網路跟更多愛美的客人交流。

Q 入行建議事項？

一定一定要有耐心、抗壓性高以及培養美感，並且不斷進修自己，不能再經驗與練習不足的情況下就開業，有預算可以上外國課程，現在很多不錯的課程都是六位數，加上裝潢與預備金，最基本也建議要準備個 30 至 50 萬會比較好。此外要把每個客人都看得很重要，聽進每個需求，看重每一件小事，不要認為簡單無聊的小事就不在意，因為我們技術業者也是花很多時間在進行簡單且無趣的事，簡單的事重複練習才會變成專業，很多人都說紋繡就是拿一支筆在戳，但是要戳得精緻才是技術，這個練習的過程真的很乏味無聊，可是最重要的卻是這樣的練習過程，學著去看重每個細節、認真看待每個細節，我覺得反而是最重要的。

我認為紋繡跟其他行業最大的不同是：真的很需要口碑而且需要經驗累積，合作的夥伴是否有那麼高的抗壓性並且願意堅持，相信所有努力都是被儲存起來的過程，這要看人的個性也需要一些時間磨練，並願意真心喜歡這個行業，願意遷就著這種喜歡去用時間慢慢累積經驗。

Q 於未來的展望？

包括擴店、裝潢、增加服務等，都需要人力的支援，因此未來會想先培養一位專門的管理者，技術兼管理者也許能了解第一線人員的狀況，但未來傾向能有專門管理全店大小事物的管理者，需要制定一些規範，而目前缺乏的就是代替我做管理的那個人，因此不需要技術取向，會很希望能找到可以互相信任的合夥人，再找志同道合的紋繡師一起合作。

自認對行銷方面很弱的我，網路行銷也比較弱，有規劃未來開始著手經營行銷，也想拍影片、做線上教學，但是我認為這些規劃還是有很多不確定的因素，目前還在思考、建置及考察市場，會做好整體企劃和準備才行動。

我發現市面上很多課程還沒有介紹過紋繡相關知識與正確訊息，未來會想開這類的課程，也會考慮做自己的產品，曾有廠商問過合作事項，但是我認為自有品牌的商品，必須得先做更多功課跟了解通路，也許要跟美容展合作，或是跟現在紋繡相關的用品結合，也會希望所研發的產品是必需品、有特色且和市場上的產品做出差異化，這些都需要做足規劃，目前還是以日益專精的紋繡服務為主。

經營者
語錄

“

所有過程都是最珍貴的，
所有細節都是磨練自己的心志，
無論多少挫折都是強化自己的養分，
所有的努力都不會白費，
只是儲存了起來，
在成功的路上累積的所有經驗，
將會成就更強大的自己。

喬比 Makeup 頂級手工紋繡

公司地址 | 高雄市三民區博愛一路 317 號
Facebook | 喬比 Makeup 頂級手工紋繡
Instagram | @chiao___makeup

MOZOE Beauty Salon
末柔美學沙龍

”

客戶忠誠度，
來自慢工出細活的永續服務

MOZOE Beauty Salon 末柔美學沙龍（以下簡稱末柔），以簡潔自然的風格，在業界創造出獨特的品牌定位。在末柔創辦人晶晶的心目中，所謂的「自然」，並非只是做出在外觀上看起來清透柔和的紋繡成品，更精確來說，是讓眉毛從施作完的當下，到過了半年、一年，仍然能在客人的臉上，呈現自然美麗的樣貌。因此，晶晶在服務與溝通的過程中，都會傾盡所能讓客戶理解半永久紋繡的原理與概念，並寫下施作紀錄，追蹤留色效果。永續經營的概念，成為末柔的核心服務精神。

mozoe
BEAUTY
SALON
mozoe-beauty.com
Microblading Artist
Zooey

不求一步到位，
但求陪你長長久久

「我的客人都知道，我是屬於保守型的紋繡師，我堅持的服務模式，是最耗時又費力的那一種。」許多消費者對於紋繡的想像是：讓紋繡師在臉上完成半永久性的彩妝，就能夠擁有妝感鮮明的輪廓，從此自己不需要花時間化妝，早上都可以多睡半小時。「然而，身為專業的紋繡師，除了要追求作品的美觀跟完成度，你還要幫客人想到半年、甚至一兩年以後的事情。」

在施作完眉毛紋繡後，隨著每個人代謝速度、膚質與生活型態的不同，眉毛顏色也會逐漸地改變，一般常見的狀況，就是消費者做了一對顏色飽和鮮明的眉毛，但隨著時間過去，慢慢代謝淡化，變得跟當初指定的顏色不一樣，這時候該怎麼辦？「紋繡師可以用其他色系的顏料，去修飾跟改變顏色，只是，在你約到紋繡師的時間之前，要能夠撐過那一段尷尬期。」

而晶晶的紋繡理念是，希望客人不需要忍受尷尬期，無時無刻都能擁有一對自然的眉毛，「因此，我不會在第一次就把顏色調得很飽和，因為我要保留眉毛長期的可塑性。」有些消費者希望把顏色調深一點、濃重一點，這樣的紋繡成品比較持久，比較符合消費者對於這種半永久彩妝技術的預期。「然而，持久歸持久，當顏色淡化以後，通常就會偏離客人原本心目中理想的模樣。」客人的需求各不相同，但是每一位客人，晶晶都會當成長期客戶來經營，在施作上採取的也是「less is more」的保守策略。

「所以我都會跟客人說，我們慢慢來，先觀察自己眉毛的留色狀況，以及過了半年、一年，顏色往哪個方向變化，再來討論下一步怎麼修改。」晶晶表示：「就像主廚在做料理的時候，如果一次性把調味料加好加滿，就會有味道過重的風險，一邊觀察試味道，調味料分批加，才是謹慎的做法。我在施作眉毛紋繡的時候，也會堅持慢慢觀察、慢慢優化的服務模式。」

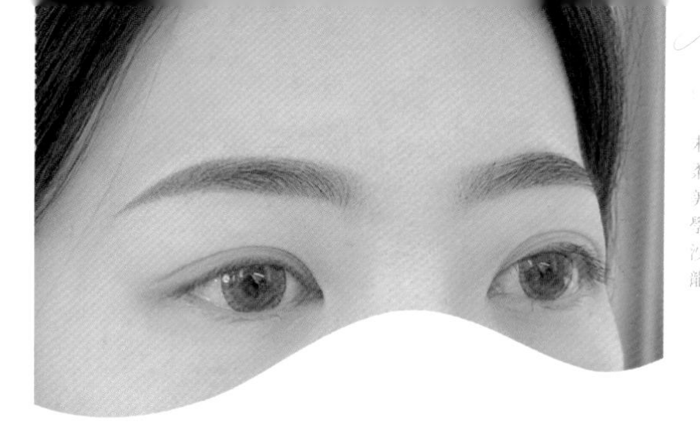

眉毛該是眼睛的配角才對，所以

「自然是我的最大訴求」

喜歡超濃眉的朋友請轉彎

#自然且合適的眉型才能幫助五官加分

選擇耗時耗力的作法，所以

「很抱歉，我不會讓你挑顏色」

依據膚色、髮色、眉毛粗細度選擇適合你們且最淡的顏色

#膚質不同吃色也不同這個部分交給專業的我來

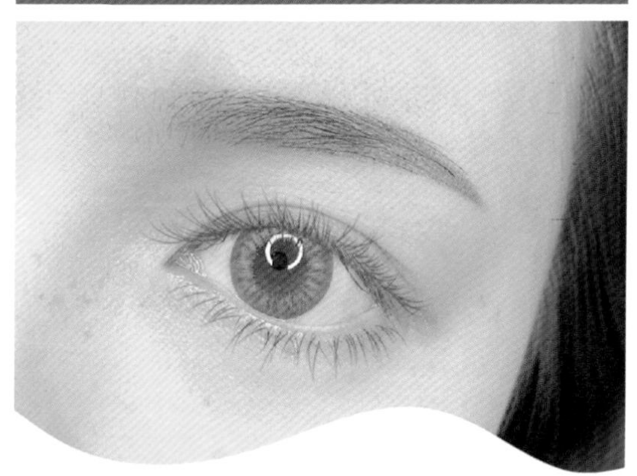

拒絕當一個被動的老師，所以

「我會很煩，要有心理準備」

紋繡後七天，每日訊息追蹤狀況

#我比你更在意你臉上的眉毛

圖｜

不只是回應客人的需求，還要給予更完整的概念，針對來到末柔的客人，晶晶會先講解眉毛紋繡的基礎知識，在施作完成後，還會連續七日提醒客人回傳照片「交作業」，在客人想到之前，先幫他們思考下一步該怎麼做

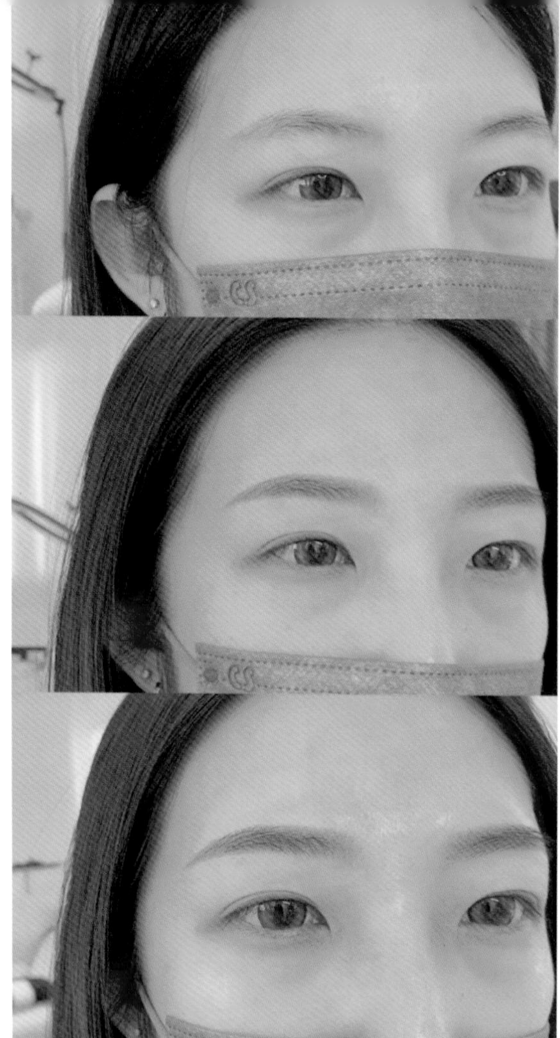

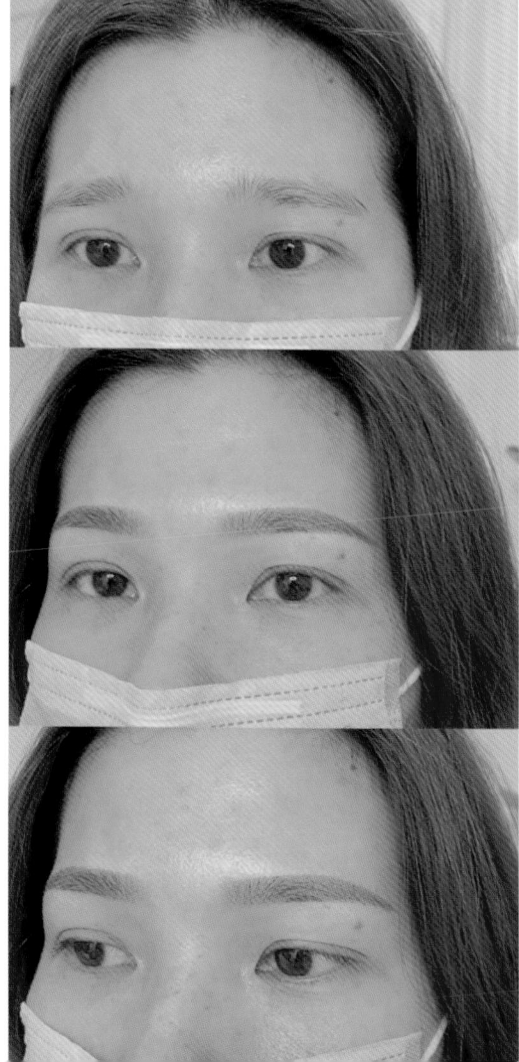

圖｜
許多消費者都期望做完眉毛紋繡後，可以立刻改頭換面，至於掉色、改色的問題之後再來煩惱。然而末柔美學沙龍，採取的則是「less is more」的保守策略，保留眉毛的可塑性，一步一步優化，幫助客人避開掉色尷尬期

拿出做研究的精神，紀錄與每一位客人的相遇

而永續服務不可缺的要素就是，要拿出人類學家進行田野調查的態度，針對每位客人仔細的做紀錄，以便規劃未來的服務內容。晶晶表示：「這是一個不能省略、必須由我自己親力親為的步驟。」

營業日的晚上，當晶晶服務完最後一組客人，已經是晚上十一點多將近午夜的時候了，很多人都在放空、追劇或滑 IG，而晶晶正在「寫功課」，她要寫的功課，包括回覆客戶訊息、解答疑難雜症，以及紀錄每一組客人在紋繡施作的過程中，所使用的工具與顏料、客人的皮膚性質、客人表達感受的方式、及使用工具時接觸到皮膚的感覺等等。

「因為我不是一次性結案的紋繡師，而是堅持永續經營的保守型紋繡師，每一位客人，包括她們的個性、聊天話題、生活型態、體質及膚質變化等，都要詳細的紀錄下來，這些都是永續服務的基本功。」

陪伴客戶長長久久，讓她們從荳蔻年華的少女、到結婚生子、進入熟齡階段，都死心塌地的追隨同一位紋繡師，這樣的牽絆，已經近似於長期的伴侶關係。「一開始，要了解客人喜好的風格、皮膚條件、適合的眉型等等，但隨著年紀增長，同一位客人的皮膚狀況、肌肉緊實度以及心境喜好，都會有所變化，你不可能都用一樣的手法去替她服務。」晶晶認為，在客人人生中的不同階段，接住她的需要，解決她的煩惱，就能培養出獨一無二的信賴關係。

把握觀察學習契機，每分每秒都能精進自己

新手該怎麼入行成為紋繡師？許多人會選擇繳費，報名系統化的紋繡師課程，而晶晶的學習路徑，相較之下曲折許多。「一開始會想要學紋繡，是因為剛好看到紋繡嘟嘟唇的廣告，半永久彩妝技術的效果，讓我覺得非常驚豔，也萌生了想要投入這個行業的念頭。然而，以我當時的經濟狀況跟生活型態，沒有辦法立刻報名專班，找老師學習。」

當時的晶晶，跟著表妹一起在一中街商圈擺攤，也同時在紅茶冰店兼職，以蠟燭多頭燒的狀態，努力地工作籌學費。「也就是在那時候，我遇到了生涯中第一個貴人—經營美睫沙龍的朋友。」晶晶表示，在朋友的熱情邀約下，她除了白天的工作之外，晚上也擔任美睫師，「從早到晚都在燃燒自己拼命工作，但是在美睫沙龍，也能讓我觀察到美容業的種種酸甜苦辣。」後來，晶晶到紋繡沙龍擔任店長，一邊打理店務一邊學習，「我現在之所以會堅持要紀錄每個客人的服務流程，服務完以後還要持續追蹤，就是從那段當學徒的日子裡，所觀察到的心得。」

晶晶補充說明：「舉例來說，客人來到紋繡沙龍，會給紋繡師看一下她蒐集的照片，然後許願希望能擁有一對照片中的眉毛，但重點是，照片是平面的媒介，人的五官是 3D 立體結構，紋繡師有辦法照著你指定的眉型，去描繪上色，只是成品不見得是你理想中的樣子。」

受過訓練的紋繡師，與一般消費者之間的資訊落差，是服務流程當中，紋繡師需要去盡力溝通、克服的重要環節。「其實，有些紋繡師真的太忙了，沒有時間跟客人慢慢解釋，就會直接跟客人說，相信我的判斷就好。」晶晶表示：「在當學徒的時候，從旁觀察到這樣的情景，心底就會開始思考，如果是我在現場，有哪些部分可以溝通得更完整、讓消費者的需求跟疑惑，能夠獲得更好的回應。」

任何成就與經驗，都起源於細節，「其實，剛開始在經營末柔的時候，也有過焦慮跟自我懷疑的階段，因為我不是所謂的紋繡專班出身，我所擁有的技術跟待客之道，都是邊做邊學，從客人的反饋中思考，工作之餘瘋狂報名外部課程，這樣一步一步摸索出來的。」晶晶表示。沒有老師手把手的教導，而是從現場觀摩到的各種狀況題，建構出屬於自己的工作哲學，縱使學習過程既辛苦又曲折，但累積的專業素養，卻是堅若磐石。

Q 新手常見的觀念誤區或迷思是什麼？

沒有入行之前，很多人會覺得，紋繡美容的門檻並不高，只要花錢上一期課程，學會怎麼上色，就可以成為紋繡師。再加上坊間紋繡的定價普遍高於美甲、護膚等項目，很多人會誤以為這是一個容易入行、容易獲得高收入的行業。

在上課的時候，老師可能會給你一些容易上手、容易記憶的公式跟大綱，例如入針的標準深度是多少毫米之類，但是細微的技術層面不是靠公式，而是靠練出來的手感，就算是跟最知名的紋繡師拜師學習，名師習慣的手法也不見得適合每個人。如何活用自己的身體慣性，找出最適合的手法，不同的工具如何應用在不同的皮膚上，你只能不停的擴充自己的練習範圍，建構屬於自己的技巧跟手感，並不是背熟一套上色技法公式，學會使用老師慣用的工具，就能夠成為紋繡師。

在手法的練習之外，新手還需要學習不同領域的專業知識，例如人體皮膚的構造，不同廠牌與質地的色乳、色膏等，在皮膚上會怎麼作用等化學、醫學的專業知識。此外，美容業者有時候會碰到一些消費糾紛，例如消費者覺得服務體驗不滿意，效果不如預期等就有可能衍生成法律爭議，這時候就必須具備一些法律常識概念，才能保護自己。

我認為紋繡師無時無刻都要提醒自己，在手法、美感、科學知識跟法律常識各個層面，要不停地進化，不進則退。我個人會推薦同業去參加醫學紋飾高峰研討會的課程，去吸收來自皮膚科醫師等專業人士所提供的情報，讓紋繡師在面對各種狀況時，有更充分而完整的知識去應對。

想入行的新人，抱持著上完課就準備賺大錢的想法，學會了一套既定的手法，就停止進修，你很快會發現自己的能力並不足以應對消費者的各種需求，做出來的成品也不會進步，成品沒有競爭力，就只能削價競爭，利潤空間越來越狹窄，最終就是被這個業界淘汰掉。

Q 末柔美學沙龍的服務項目及特色？

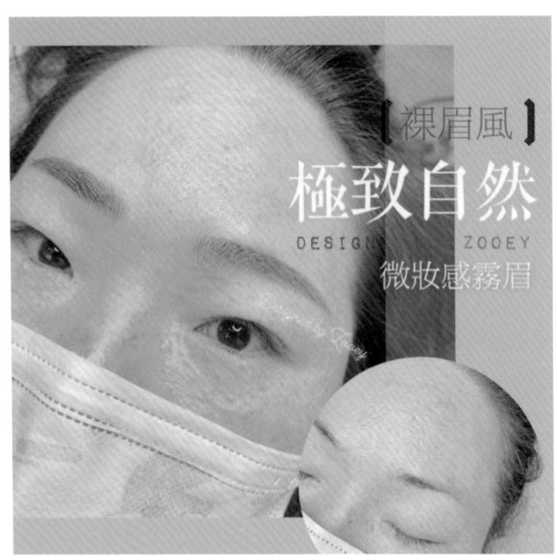

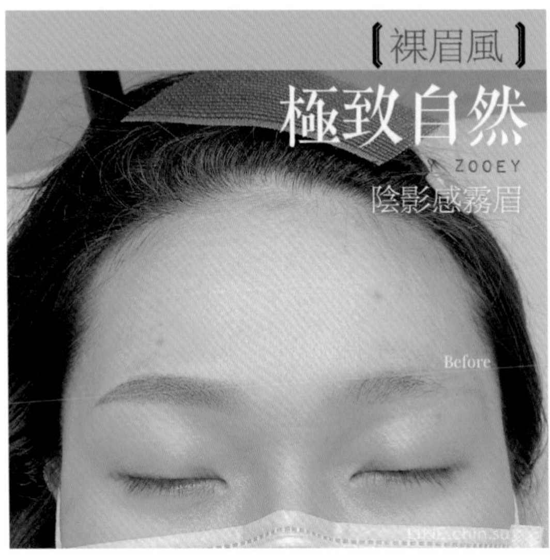

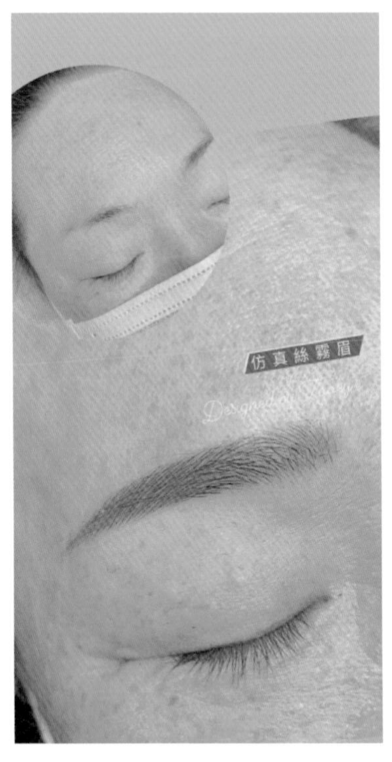

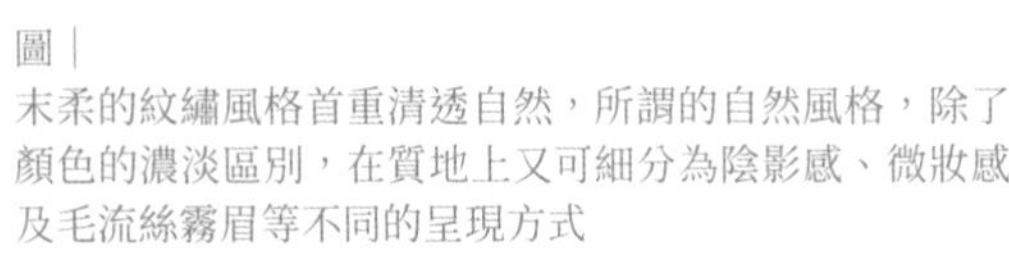

圖｜
末柔的紋繡風格首重清透自然，所謂的自然風格，除了顏色的濃淡區別，在質地上又可細分為陰影感、微妝感及毛流絲霧眉等不同的呈現方式

目前末柔美學沙龍的服務項目包括眉毛、眼線、嘴唇及髮際線紋繡服務，以及美甲跟美睫服務項目，我負責的部分主要是眉毛、嘴唇及髮際線紋繡；眼線、睫毛及美甲則是交給店內的夥伴來做。髮際線紋繡服務，通常是針對有圓形禿、產後落髮等狀況的客人，讓她們的髮際跟頭頂毛流，在視覺上不會有明顯的缺口。

而店內的主力服務項目—眉毛紋繡，包括一般通稱的霧眉與線條眉兩大分類，末柔的霧眉服務，又可細分為「陰影感霧眉」跟「微妝感霧眉」，兩者的差距在於，陰影感霧眉在顏色淡化的過程中，會越來越接近本人的自然膚色，而微妝感霧眉就是在成型之後，根據客人的喜好再去加一點顏色，但整體而言，我的霧眉成品不會有太重的妝感，我的客人都知道施作的原則是「自然」，為了讓客人的眉毛能夠長久地呈現自然的樣貌，我不會在客人臉上做一對很搶戲的眉毛。

至於線條眉，通常我會選擇用絲霧眉的做法來呈現，讓眉毛有方向性，加上細而密的線條漸層，來呈現比較率性的風格。例如，有些客人眉毛的缺段很明顯，需要增添一些毛流感才會自然，這樣的客人就比較適合絲霧眉，而非一般的霧眉。

但我所表現出來的絲霧眉，不會呈現根根分明的野生毛流感，因為野生毛流感的作品，會受到皮膚條件跟氣候影響，維持的難度更高。像台灣絕大多數的女性都是混合肌，隨著出油、出汗跟皮膚新陳代謝的作用，用飄眉技巧刻上去的線條就會暈開，暈開的線條也沒辦法回到原先的狀態，這些都是一般消費者不會考慮到的風險。所以，通常新的客人來到末柔，都要先上一堂入門課程，我都會把我的施作原則，追蹤流程、以及不同膚質的留色、代謝狀況等，跟客人講解一遍，還會有客人跟我說：「我都不知道來做個眉毛，要先上課還要交作業耶！」

是的，不只要上課，施作完成後，我還會請客人連續一個禮拜「交作業」，回傳照片給我，讓我紀錄顏色的變化軌跡。在業界我算是出了名的囉嗦，因為讓紋繡成品，在客人臉上扮演著最恰如其份的角色，自然清透，沒有尷尬期，是我所堅持的服務原則，堅守著這個原則，持續追蹤客人的狀態變化，就是作為一個永續經營的紋繡師，無法妥協的底線。

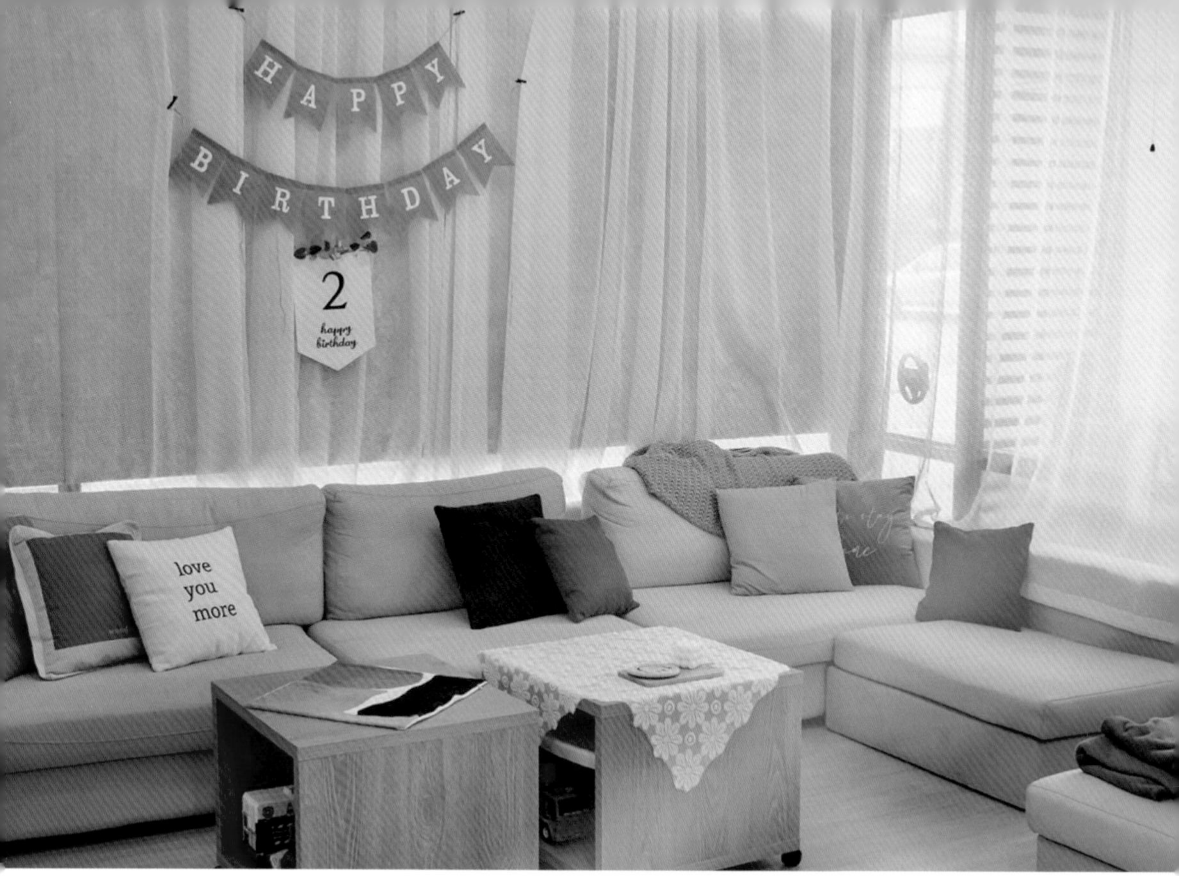
HAPPY
BIRTHDAY
2
happy birthday
love you more

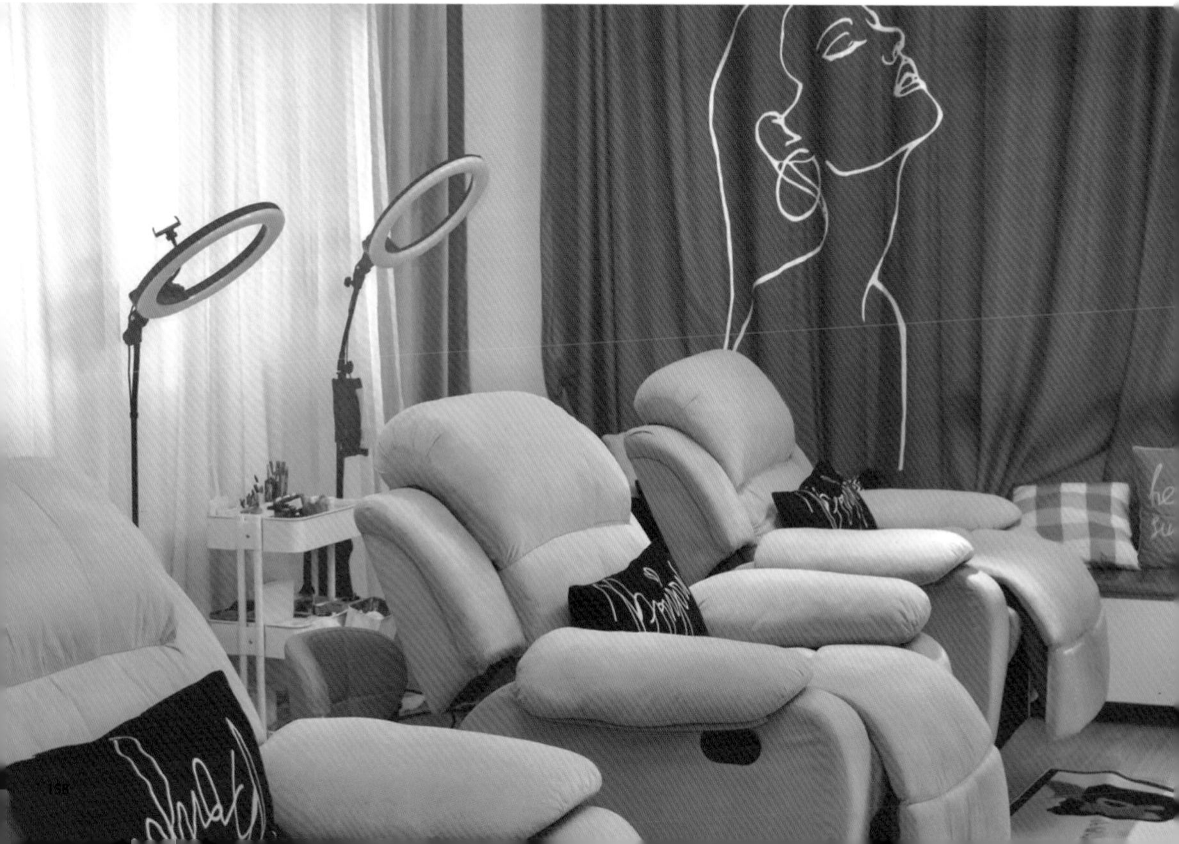

讓外型加分、生活質感也提升的

沉浸式紓壓體驗

無論是紋繡、美甲或是美睫服務，所追求的共同目標，就是為顧客提升外型的質感，面對這樣一群對於美，有意識、有要求的人們，末柔在整體空間的質感營造上面，也是一絲一毫都不鬆懈。

「店內空間的每個擺設，一草一木，從採光的方向、家具的擺放及動線規劃，都是我親手畫出設計圖，每個細節都跟裝潢工班討論過一遍，包括燈具、抱枕等擺飾，也都是我親自去挑選的。」晶晶表示。

圖｜每一位初次造訪末柔的客人，幾乎都會發出由衷的讚嘆聲：「哇！這裡好舒服！」而所有讓人感受到放鬆、愉悅感的元素，都是由無盡的細節所堆疊出來的

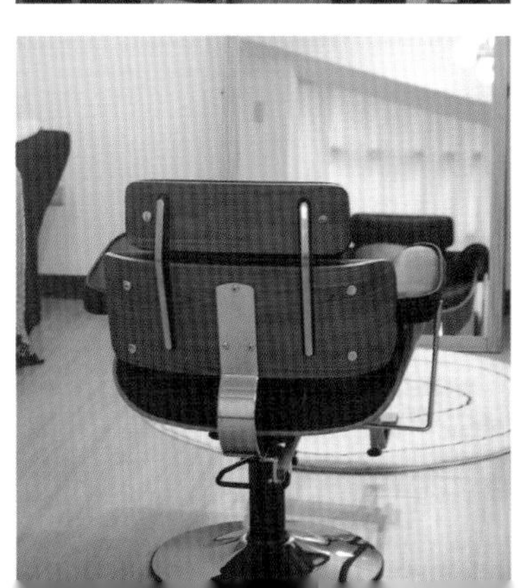

「美容業跟一般商業行號最大的差別在於，客人在店裡面一待就是好幾個小時，長時間的相處之下，很容易就開始聊心事、聊生活，彼此變成朋友。」晶晶認為，要與客人建立起長期的信賴關係，就要讓客人從預約、諮詢、到實際走進來消費，都能沉浸在愉悅而明朗的氛圍當中。

一走進末柔的空間，就可以發現，從吧檯植栽的擺放位置、抱枕色系的選擇、招牌字體的風格到座椅皮料的質地等，各種細節無一不講究。「通常來到末柔的客人，都很容易敞開心房，跟我聊一些很深入的話題，我認為，營造一個舒適的空間，對於顧客體驗品質，是非常重要而關鍵的加分項目。」

晶晶表示，末柔的客人當中，有許多人是忙於育兒、家務的主婦，以及家庭工作兩頭燒的職業婦女等，因為沒有時間細細打扮自己，所以選擇來做紋繡。「現代女性有很多課題要面對，在家庭、工作、孩子與自我實現之間，要尋求平衡點，真的沒那麼簡單。所以我能夠盡量做到的，就是在客人好不容易可以擠出時間，來到末柔的時候，用紋繡技術幫她們變美，也透過店內的氛圍跟對話，讓她們的心情變得美麗。」

晶晶也透露，未來末柔美學沙龍，預計會開設花藝、芳療、兩性成長講座等體驗活動。「外型美還不夠，我希望來到末柔的大家，都能擁有美麗的生活，生活質感提升了，不只是你本人，你的另一半、你的孩子跟親友，也都能因你而幸福。」

圖｜
從末柔的招牌字體，顏色配置、植栽擺放位置到燈具風格，晶晶都有自己的講究，她希望來到末柔的客人，不僅能帶著神采奕奕的容顏走出店門，包括身心與生活狀態，也能變得更自在而美麗

mozoe
BEAUTYSALON
TEL:0982-578-148

mozoe
BEAUTY

Creating a Beautiful Home
KELLY HOPPEN STYLE
YANGZhou

m.
MOZOE BEAUTY SALON
紋繡｜美甲｜美睫｜除毛
GEL NAIL / MICROBLADING / EYELASH
GIVE YOU MORE BEAUTY

融合自身特色與外部專業，發揮經營最大綜效

運用自身的美容紋繡專業、輔以細緻而包容性強大的服務素養，晶晶累積出了忠實的客戶群，以及一群慕名而來想學習紋繡專業的學生們，晶晶表示，自己所能給予的能量與溫暖，都要歸功於父母的支持及培育：「感謝我的父母把我培育成今日的我，一路走來，還遇到了許多跟我並肩同行的夥伴、幫助過我的朋友們，還有我先生這個強大的後盾。更要特別感謝林黛蓉、裴貞熙、劉純敏、Wason 這幾個生涯當中的貴人。」晶晶強調，雖然作為紋繡師的專業技術與手感，只能靠自己日復一日地累積練習，但是真正要把紋繡這門專業，作為營利的方式，甚至擴大商業版圖，打造品牌，還是要懂得與外部專業人才合作才行。

點進末柔的臉書、IG 專頁，就能發現從色系、排版到圖片選擇，都展現了品牌的一貫風格，也與店內的空間風格互相呼應。從末柔成立初期，晶晶就找了專業行銷人才，一起合作規劃末柔的 LINE@ 帳號管理、廣告投放、官網製作等事宜。行銷執行、品牌管理等事務交由專家來協助操刀，讓晶晶可以把時間與精力，都用於維持服務體驗的品質。

「用開餐廳來比喻，並不是主廚的料理手藝好，就能保證開餐廳會賺大錢。重點是，你要找到對的、有效的方式來展現自己。」晶晶表示，通常獨立開業的紋繡師，對於風格、營業目標、客群設定，都會有自己的想法，有些人會以擴大營業、展店作為目標，而晶晶則是首重維持自己的「永續經營」服務法則。「每個人對於商業規模的期待都不一樣，但是從事這個行業，單單技術好是不夠的，你要掌握到讓客人來預約消費的關鍵點。」

「像我的服務定位特色算是非常明確，就是堅持吃力不討好的永續服務。」晶晶笑稱，為了回饋長期以來給予末柔信賴與支持的客戶，末柔也推出了「終身補色不漲價」的優惠方案。

「平心而論，隨著我自己的技術持續在進化，現在回頭看過去的作品，我已經不滿意了，但我非常感謝從一開始，就選擇我、信賴我的客人們，所以我想用當初的價格繼續服務他們！客人在哪個時期來做紋繡，之後補色的折扣，就是照那個時期的價位去換算。」晶晶表示，雖然以商業經營的角度來看，這不算是聰明的做法：「然而，我的使命就是幫客人做出漂亮的眉毛，就算使用的是更新的技術，我還是希望能用原來的價位，去回饋我的長期客戶。」

紋繡師想要長久經營品牌，就必須思考永續的營運策略，而針對想入行的新人，她建議，除了累積作品，持續利用社群媒體來增加曝光，也可以考慮用異業結盟的方式，來增加品牌的亮點跟記憶度，例如跟美甲師、花藝師甚至服裝設計師合作等，「畢竟每個人每天都只有二十四小時可用，從零開始的新人，要單打獨鬥闖出知名度真的很辛苦，懂得發揮創意，借力使力，也是一種商業經營之道。」

圖｜末柔的自然風格，不但深受女性客人喜愛，客人還會介紹自己的另一半來施作，讓害怕霧眉妝感的男性，也能受惠於紋繡技術，達到外型減齡、神采奕奕的效果

美業品牌經營要素：
溝通、內化與表達

「這一兩年，聽到很多鼓勵的聲音，鼓勵我培養學徒、展店，這樣就不用凡事親力親為，工作時數也不會這麼長。」晶晶表示，她希望由自己培養的人才，對於紋繡行業，也要具備同等的熱情跟專業意識，而所謂的專業，牽涉到技術與經驗，也是紋繡師本身的整體素養：能不能精確的表達自己，能不能釐清客人真正的需求，進而做到有效的溝通。

做為一個專業紋繡師，同時也是末柔美學沙龍這個品牌的主理人，晶晶不藏私分享她多年來的體悟：「有些概念跟心法，要經過時間的沉澱，才能夠內化成為自己的專業素養。」

美容行業從業人員，每隔幾個月就要去進修充電，是這個行業的固定文化之一。晶晶認為，所謂的進修充電，並不一定是像電腦一樣，有什麼新技術，就去進行一下軟體更新，再內建到自己的工作程序裡。

「去進修上課，除了觀摩老師的手法以外，對我影響最深遠的，反而是課程當下，不以為意的某些隻字片語，多年以後，從那些字句當中，激發了更多的想法。」紋繡師，不只要修鍊技術，同時也是一個修心的行業。「當你內心的想法更加深化，思維改變的時候，你跟客人之間的溝通方式，也會開始改變。」

晶晶表示：「每當有學生想來找我學技術，我問他們的第一個問題就是，「你喜歡什麼？如果她們回答不出來，我就會叫他們回去想好再過來。」晶晶強調，在跟客人應對互動之前，要先學會表達，自己對於美的想法是什麼，自己的美學意識是什麼，要先把自己對美感的想法建立起來，才能理解客人心目中的美是什麼。

美感意識與溝通能力的關聯何在？晶晶表示：「客人都知道我的作品風格是自然派的，希望在客人臉上呈現的作品，能夠跟客人天生的輪廓融為一體，而不是做出一個看似很符合潮流、卻沒辦法為外型加分的成品。」如果沒有建立起自己的工作邏輯與美感意識，當客人拿著明星或偶像的照片，指定要做同款眉型的時候，紋繡師可能會陷入「如何做出類似款」的盲點之中，而無法透視跟滿足客人的內在需求。

「要如何建立起自己的工作邏輯跟美感意識，還是要回到我一再強調的基本功：勤於做紀錄。」晶晶表示，再怎麼宏偉富麗的建築，都是從打地基開始，一磚一瓦建構出來的，而做紀錄，就是在幫自己的職業生涯「打地基」。

「日常生活中累積的所有努力、所有繁瑣的步驟，都會成為你未來的養分。」晶晶認為，所謂品牌的價值跟經營者的軟實力，就是體現在這些看似微小、卻無比重要的細節當中。

mozoe
BEAUTY
SALON
紋繡 | 美甲 | 美睫 | 除毛

經營者
語錄

“

要在美業平衡生活與工作
是要非常努力的！
不必成為別人，而是做最好的自己，
勇敢追求你喜歡的
堅持良善的信念，
只要熱情不變，一定會被看見。

MOZOE Beauty Salon 末柔美學沙龍

公司地址 | 台中市太平區育才路 488 號
Facebook | MOZOE Beauty Salon 末柔美學沙龍｜晶小姐紋繡日誌
Instagram | @mozoe.beauty ｜ @chinzooey
Line | @aon0091n
官方網站 | mozoe-beauty.com

卡奇雅 Spa 美妍館

”

美業的成功法則：
自主、承擔、勇於轉彎

曾經，長輩期許她能夠安穩地在日系化妝品牌任職，晉升主管，迎接退休生活，而卡奇雅 Spa 美妍館的創辦人傅雪華，卻選了一條截然不同的路：獨立開業成為美容師，在台中逢甲商圈買下了自己的店面落地生根，更進一步鞭策自己讓美業發光發熱，樹立了完整的制度，也培育了大批後進人才。

憑著對於美容工作的熱愛，與初生之犢不畏虎的勇氣，三十多年的美業之路，傅雪華不但以苦行者之姿，不斷地修練個人技術，更運用一路披荊斬棘所體會到的經營管理哲學，為卡奇雅這個品牌，以及整個產業，注入了更多活水與壯大的力量。

卡奇雅Spa美妍館

異業結盟跨出第一步

「現在回想起來，覺得很幸運地，自己在年輕的時候，就選擇了創業這條路。」開業之初，傅雪華落腳在逢甲商圈的連鎖美髮沙龍，租用店面的地下室，一個人扛起彩妝、美膚護理、紋繡三種服務項目，每天馬不停蹄的工作十一個小時以上，談起開業初期的種種酸甜苦辣，傅雪華淡定地說：「創業不都是這樣嗎？」

傅雪華出社會的第一份工作，是在日系彩妝品牌專櫃，擔任美容技術指導及彩妝設計人員，這也是長輩們希望她能安穩做到退休的工作。「但我入行三年多以後，看到學姐們因為年紀的關係，被調到偏遠區域或後勤單位，因為公司希望能改用年輕的面孔，取代資深員工，進而『鼓勵』學姐們退休。」

傅雪華表示，當時二十幾歲的她，警覺意識開始萌芽：「一直待在公司體制內，待到被『鼓勵』退休，或許不是最好的職涯選擇。」雖然當時身邊的家人、長輩都認為在一家有制度的公司內，無風無浪地待到退休，就是最理想的生活。然而，傅雪華心中對於理想生活與職涯的樣貌，卻開始起了變化。

雖然當時在公司內還屬於年輕族群，距離職涯危機還有一段很長的距離，但是傅雪華已經開始超前部署：在下班後，除了到美容沙龍學習護膚療程的操作手法，也開始

找老師上課，學習紋繡技法，接著，以美髮沙龍的地下室空間為起點，踏上了創業之路。

「我可能天生個性就是埋頭苦幹的類型，開業初期，光是彩妝客人，每天就至少有七到八組，靠著我一個人、一雙手，還要服務紋繡跟護膚美容項目的客人，整天完全沒有休息的空檔，但也幸好當時年紀較輕，體力好，就這樣靠著燃燒自己，把客人變美麗，累積了第一批忠實的客戶群。」傅雪華表示，選擇與有固定客群的美髮沙龍合作，這種借力使力的方式，也幫助她從無到有，建立起跟客人之間的互動脈絡。

「我認為剛入行的新人，也不妨考慮這種異業結盟的方式，來累積自己的服務口碑。但是你一定得把握每一次服務客人的機會，讓客人施作完畢後，能夠光彩照人地走出店門，而且還會樂於向別人推薦你的服務。美容這個行業，如果執行不到位，客人的滿意度不夠，再好的起點，再強大的人脈或異業結盟資源，也會很快地就耗損殆盡。」

圖｜傅雪華在台中逢甲商圈深耕多年，從分租美髮沙龍的地下室，到現在擁有獨棟的寬敞服務空間，皆是一步一步累積客戶信任與作品實績的成果

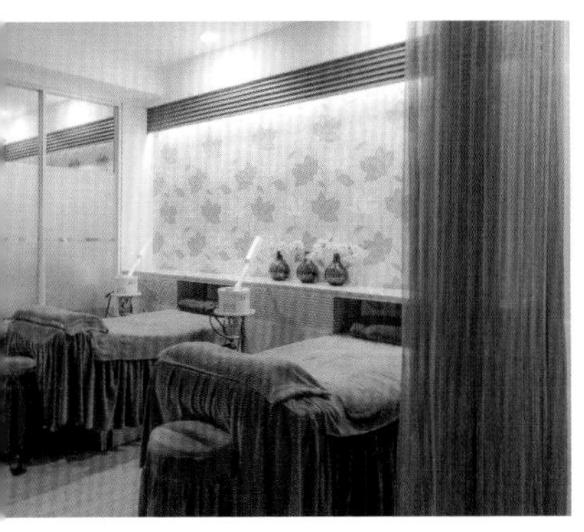

技藝、經驗、與觀察力都要與時俱進

美容行業的從業人員，時時刻刻身處激烈的競爭、與必須一直進步的壓力當中，對於這個狀況，傅雪華精確地描述：「這一行的從業人員就是閒不下來，一旦停下來，心中就會被滿滿的不安全感籠罩著。」

因為時尚潮流、技術的更新、消費者的心理等，種種跟美容行業相關的因素一直在變化，從業人員被時代的浪潮推著走，是無可避免的狀態。「其實美業工作者不只是要跟上潮流，還必須走在消費者的前端，引領他們的美學意識才行。」

「入行之初，因為過去在專櫃設計彩妝的經驗，畫眉毛對我而言是駕輕就熟的事情，因此，就選了可以發揮自己優勢的項目來入行，但這些年來，紋繡技術的翻新速度快到超乎想像，因此，就算具備了多年執業經驗，我還是得一直回去找老師複訓，才能把自己的服務內容做得更精緻、更符合時下消費者需求。」

傅雪華補充說明，早期的紋繡技術，屬於做一次定終身的永久彩妝技術，因為顏料的成分及技術關係，在皮膚上會呈現偏藍綠色的狀態，形狀也比較偏傳統風格，而這樣的成品，顯然已經不符合時下消費者的需求了。產業與技術會隨著消費者的變化而更新，現在的紋繡施術所使用的工具、產品、手法與機器，相較於早期，已經起了翻天覆地的變化。

於是，為了學到最完整、最細緻、還要能引領潮流的紋繡手法，傅雪華在進修方面的投資，可以說是毫不手軟，「台灣能找到的紋繡全科課程，我幾乎通通都上遍了。另外還報名了中國大陸兩大紋繡教學體系—御品綉跟仙綉的課程，這兩個教學體系，不但師資陣容堅強，課程設計嚴謹，學費金額也高達台灣紋繡全科班的三倍以上。」傅雪華被列名為中國御品綉創始人的第 18 號親傳弟子，所接受的訓練強度，可以說是魔鬼訓練營等級般的紮實。

「一到課程現場，就要待在同一個地方閉關，全時段都在上課跟練習，而且上課內容不只包括手法、技巧及工具使用，現場還會有個模特兒群組，男女老少、各種臉型膚質與膚色都有，學員必須把模特兒當成客戶來應對，包括操作前的溝通、成品施作到術後溝通追蹤，都會被列入考核評分。」

傅雪華補充說明，溝通與追蹤，本

來就是紋繡施作環節中，極為關鍵的部分，「新人入行常常有個迷思：看到紋繡的單次收費行情價，就會躍躍欲試，覺得學會了手法，就能賺得高收入，而忽略了服務流程中該注意的細節。」真正到位的服務，是包含諮詢、需求溝通、款式設計、施作到事後追蹤，一整套鉅細靡遺的流程，絕對不是學會了手法，就能成功在行業內站穩一席之地的。

她表示，雖然時下的紋繡技術改用代謝較快的植物性顏料，留色期頂多一年半到兩年，但畢竟還是屬於半永久彩妝。「畫壞的眉毛馬上就可以卸掉，紋繡施作失敗的成品會留在客戶的臉上至少一年，這對紋繡師的口碑來說是非常沉重的打擊。」她認為，御品綉與仙綉教學體系，將應對客戶的溝通技巧也包含在訓練項目之內，是非常務實的做法。

圖｜在關於學習的投資方面傅雪華從不手軟，曾修習御品綉紋繡教學體系課程的她，是創始人親傳弟子，結業後也持續參加複訓課程，鞭策自己精進

客人當下的笑容，就是最令人振奮的回饋

從業三十餘年的傅雪華，對於精進技術、鞭策自己成長方面從不懈怠，也培養出一群從年輕到熟齡，二十多年都指名要她本人服務的忠實追隨者，「許多客人，在施作完成的當下一照鏡子，展現出來的表情，就會直接反映到我當天的心情，像是一種投射作用。」傅雪華表示：「我在工作中所獲得的成就感，跟客人的滿意度是成正比的。」

作為創業起點的連鎖美髮沙龍店，在屋主賣掉店面後，傅雪華正式「單飛」，在逢甲商圈尋找店面落地生根，成立了卡奇雅美妍館。當時的消費者取得資訊的來源，仍以報章雜誌等媒體為主，行銷宣傳的主流做法是派報、發傳單等等，然而，當消費者的閱聽管道都集中到網路平台與社交平台上，資訊流通越來越快，在同一個商圈，不斷有新的美容工作室出現的時候，該如何應對並維持競爭力呢？

對此，傅雪華十分直接了當地表示：「網路上呈現的素材與形象，是重要的門面，運用網路行銷維持品牌聲量，也是必做的基本功。但客人最重視的，仍然是實體造訪店家，體驗服務的滿意程度。」

她認為，網路上呈現的樣貌，無法百分之百表現出品牌的價值：「例如，有些客人是因為眉毛缺段、下垂、外傷疤痕需要遮瑕等，而來找我們紋繡，這類型紋繡所呈現出來的作品，雖然沒有網路上的作品照來得光鮮亮麗，但對於客人來說是很重要的自信加分關鍵，因此我們也會把作品照放在店內，提供給有類似狀況需求的客人參考。」

「相對來說剛入行的新人，或許手法技術還沒有那麼地嫻熟，但仍然可以善用網路的傳播力量，精選最漂亮的作品放在網路上，來展現說服力，吸引自己的第一批客群。同時，也不能忘記實體的客戶滿意度，才是你能否真正靠這一行吃飯的關鍵。」傅雪華表示，以紋繡為例，作品線條是不是乾淨俐落、顏色漸層夠不夠細緻自然、設計款式在客人的臉上能不能為他們加分，紋繡師的功力如何，消費者會自行去體驗並比較，能夠在實體的服務流程當中，將客人的需求，精確地表現在服務的成果上，才是品牌最核心的價值。

KACHIYA

KACHIYA
SPA
男士眉

KACHIYA
SPA
柔霧眉

KACHIYA
SPA

Kachiya Spa
Before

柔霧眉
歐美霧唇
KACHIYA SPA
K

在卡奇雅Spa美妍館，為了讓半永久彩妝真正執行到位，切中客人們的需求，紋繡服務施作的流程，自有一套嚴謹的SOP要遵循：「我們會先拍一張客人的素顏照，再把照片放到專用的app上模擬，讓客人比較並挑選風格，這是為了擬定作品方向的初步溝通；有了明確方向以後，就要試畫在客人臉上，這是相較於平面的照片模擬app，更貼近真實的模擬演練。」

「溝通的過程中，當然也會碰到需要磨合並尋求共識的時候，例如，如果是唇色深的客人，想施作桃粉色系的裸唇妝感，在實務上會比較困難，或是亞洲人想施作一對眉尾明顯上揚的歐美風格眉型，也不見得能幫自己的輪廓加分，這時候我就會說，這個風格很棒，我們來試畫看看效果如何，模擬之後客人自然會調整自己的期望值，做出適合的選擇。」傅雪華補充說明：「關鍵在於，你不能去否定客人的喜好，而是要把客人原生的狀態說明清楚，並尋找雙方都認同的解決方案，這個溝通技巧其實在任何職場都適用。」

傅雪華認為，當客人施作完成，望著鏡中的自己，發自內心展露笑容的瞬間，是身為美業從業人員最能感受到喜悅的瞬間。而這樣的喜悅，是從一步步累積基本功與服務客人的經驗值，掌握每個服務機會做到細緻溝通，才能感受到的。「像我有一些客人是忙碌的家庭主婦，平常疏於打理門面，來到卡奇雅以後，經由我們的服務，以及聊天交流的內容，開始發展出自己的美感跟打扮風格，也變得更有自信了。」她認為，感受到客人藉由服務所獲得的正向能量，這一股能量也會回饋到自身，成為她繼續前行的動力。

圖｜
在辛苦而高壓的美業生涯中，客人滿意的笑容，以及不靠濃妝濾鏡就能展現出的自信神采，就是激勵傅雪華繼續前進的動力來源

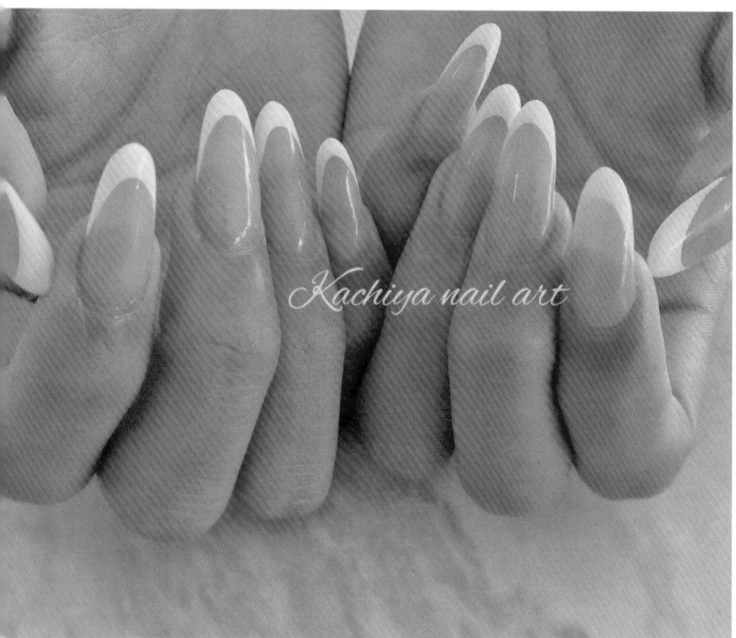

圖｜
卡奇雅提供客人一站購足式的美容服務，讓客人能夠舒服地從早待到晚，從美膚、美體到美甲，不需要買機票或收行李，在卡奇雅就能進行一趟身心休憩小旅行

隨著客群板塊擴大，

提供一條龍式的客製化服務

「從一開始在地下室，靠著一個人、一雙手來施作所有服務項目，隨著客群逐漸穩定擴大，為了提升服務品質，我規劃了更寬敞的服務空間，更多元的服務項目，也招募了專職的紋繡師、美甲師、美睫師等加入卡奇雅團隊。」

傅雪華表示，卡奇雅開業之初，主要客群來自消費力強大的逢甲大學、僑光科技大學教職員，以及對於潮流較為敏感的時裝店從業人員，施作項目以紋繡及美容為主。「到後來，因為在當地已經累積了一定的知名度與口碑，有越來越多學生前來消費，隨著客群的板塊擴大，服務項目及人力規劃，也要隨之調整。」

目前卡奇雅的服務項目包括美睫、芳療美體、專業護膚、熱蠟除毛、紋繡、手足保養、美甲等，讓消費者可以依照自己的時間分配、預算及需求，一站式購足自己需要的服務項目。以商業經營的角度來看，滿足各種年齡層、屬性的客人需求，提供全方位的服務項目，是最有效提升客人黏著度的策略，然而在執行管理層面，需要注意的細節也更多。

「有蠻多客人都會在卡奇雅從早待到晚，宛如進入一個美容主題樂園一樣，第一站先做臉部保養，然後接著做芳療美體課程，最後再進行手足保養跟指甲彩繪，一邊休息放空，同時全身上下都能變得閃閃發光，像是一趟不需要買機票、打包行李的度假之旅。」傅雪華表示。

然而，要滿足客人的多樣化需求，不是只把服務項目列出來、價格訂出來、補足人力這麼簡單，包括人員的訓練、施作品質的一致化、設備的投資管理、素材的進銷貨庫存管理等，傅雪華身兼品牌的創始人、美容沙龍的經營管理者、員工的訓練講師等多種角色，腦袋從來沒有停下來休息的時間。

「舉例來說，美容行業的人員流動較為頻繁，主要也是因為許多人在技術成熟、客群也穩定之後，自然而然就會萌生獨立開業的想法。」傅雪華表示，為了維持人員編制，卡奇雅會提供具有競爭力的分潤機制來留住優秀人才。「為了鼓勵團隊成員繼續進修，像專職的紋繡師、美甲師等，如果參加比賽或檢定，獲得優秀的成績，分潤比例也會再調整。」

傅雪華坦白地說：「能夠留在這個行業，最關鍵的因素就是，付出了心血與時間之後，你要賺到錢。」她認為，卡奇雅能夠提供客戶高品質的一站式服務，團隊的協力合作不可或缺，針對優秀團隊成員，提供相應的獎勵機制，也是經營者的責任。

「而獎勵機制與嚴格的要求，也是一體兩面。」傅雪華對團隊成員最基本的要求，就是服務品質要能夠客製化：「以卡奇雅的美甲服務為例，我們的美甲師需要具備精妙的彩繪設計能力。基本上，客人許願要什麼圖案，就要能如實地在甲面上呈現;或是來做美睫的客人，許願想做特定的網紅款、漫畫款等，要能夠回應客人的許願，才能算得上是優秀的美睫師。」

隨著美妝時尚潮流的千變萬化，傅雪華看到了市場上對人才需求的殷切，於是，已經從獨立美容師，轉變為經營管理者的她，也開始投身教學及評審領域，為美容產業注入另一股力量。

豐富的資歷與視野的提升，伴隨著更多的責任

「雖然第一線的工作委託，我已經盡量放手讓團隊成員來承接，然而，自從跨足教學與評審領域，我的睡眠時間，變得比當專職美容師的時候還要少。」傅雪華笑稱。

資歷的疊加，視野格局的成長，意謂著更重大的責任：「我所要幫助的對象，不再只是想要變美的客人，還包括想入行、精進技術的學生們，以及這個產業所有的從業人員。畢竟，隨著培養一技之長的風氣在國內盛行，越來越多人投入紋繡這個行業，如何在茫茫人海中吸引消費者的目光，除了前文所述的行銷及基本實力，有第三方單位認可的證書、從公開的競賽中脫穎而出的佼佼者，也是實力證明的一種。」

「許多人認為證照不代表有本事，但對我而言，如果連被檢驗認可的經歷都沒有，又如何說服市場你是具有實力的呢？每一個面向累積起來都是可以展現自己的可貴資源，都應該努力爭取。」

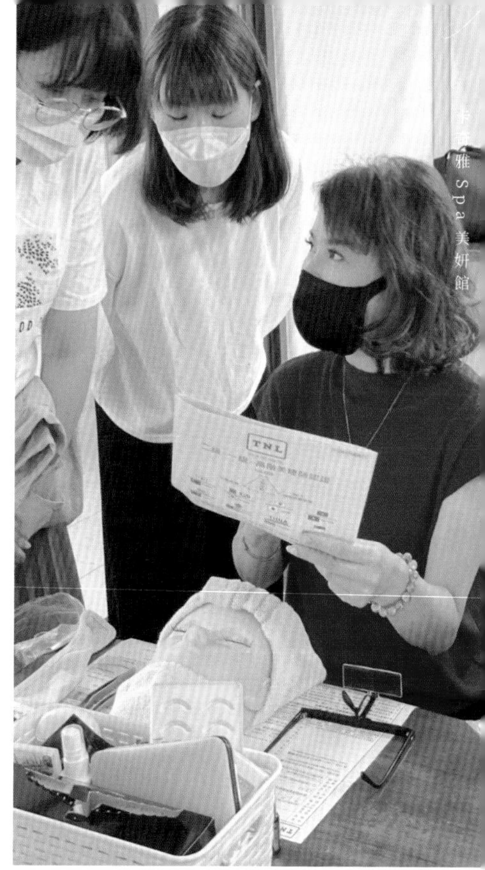

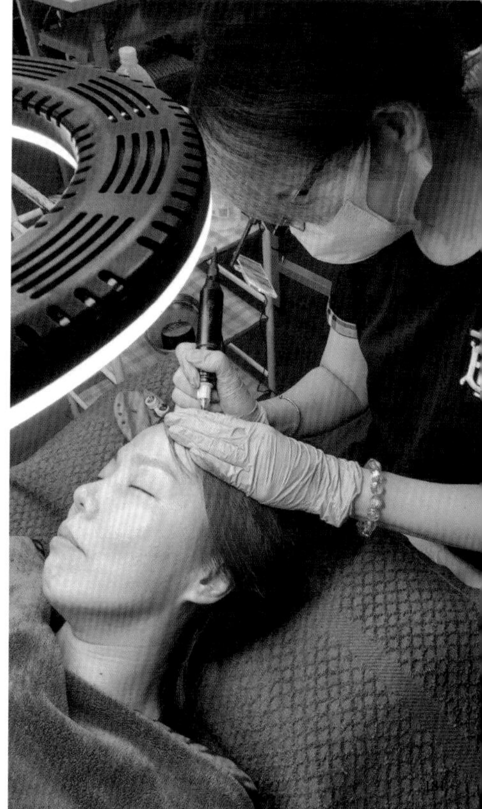

圖｜
在從事專職美容師時，傅雪華每一日的行程都被塞得滿滿的，如今一線的工作她會盡量放手讓訓練有素的團隊來承接，但接任評審及檢定制度考核工作，卻讓她更加忙碌

TNA、TNL 工會建立公平公正的認證檢定及國際比賽，為優秀美業人才提供國際舞台

傅雪華接任台中市 TNL 中華民國指甲彩繪睫毛產業工會理事長，開始協助制訂各個單項認證及國際比賽的評審規則，希望能讓整個產業的運作更加規模化、標準化，並協助台灣的優秀美業人才參與 TNL 工會。

該工會為全台灣最公正嚴謹的單位，所舉辦的美睫、紋繡、除毛認證檢定，是多達 100 多所學校認可的認證，通過認證即具備從業基本職能與參加國際競賽的能力，目前工會舉辦的 TNA 指甲彩繪技能測驗初級也正式成為國家考試，初級證書比照勞動部技能檢定丙級，技術者通過這些考試，均有助於走上國際舞台增加能見度。

「如美容行業知名的 INCA 國際美業大賽，參加成員國包括台灣、日本、韓國、中國、馬來西亞、泰國、新加坡、越南，在疫情之前，我身為八國評審及評分制定教育訓練委員，每個國家舉辦的比賽我都不曾缺席，平均一個月要飛到國外 1-2 次。」

同時，傅雪華也擔任包含 134 個會員國的 CIP 國際認證美睫及紋繡項目評審，從一個單純的從業人員，到建立評審檢定制度，看到了各國的優秀人才發光發熱的樣貌，如何滿足從業人員的需求、解決他們的痛點，也成為傅雪華心中時時刻刻在思考的大哉問。

Introduction to Innovative Creation in

NAILEXPO at BUSAN 13th 네일엑스포 부산

International Nail&Lash Competition Association Group INCA

INCA_Beauty Salon World Championship 2019

bexco 24th AUGUST 2019

Judge

Fu Hsueh Hua

TAIWAN

INCA KOREA NAIL CUP 2019

「例如協助從業人員，挑選屬性與價格都符合需求的紋繡、美睫產品等，就是現階段的重要課題。」十幾年前開始，傅雪華開始跨足教學領域，發現新進業者受限於經驗與資歷，往往不曉得怎麼選擇適合的產品與工具，且獨立業者的進貨成本也往往超過新人所能負擔的範圍：「於是，我先生主導產品經銷業務，但是我會以從業人員的身分，全台灣跑透透，去上每個老師的課程，親身體驗每家廠商、每種產品的優勢、價位跟適合對象，然後再進行產品的挑選、定位與分眾銷售，如此一來，不管是學生或從業人員，都不需要花冤枉錢盲試產品，也能以較合理的價位購入素材。」

每個人一天都只有二十四小時，而傅雪華身兼美容師、經營管理者、講師、國際大賽評審、產品規劃師等多重角色，如何達到工作與生活的平衡？她笑著表示：「把該做的工作做好，就是最好的平衡。」

圖｜
身兼美容師、經營管理者、講師、國際大賽評審、產品規劃師的傅雪華表示，資歷越深，就表示有能力幫助更多人，付出的同時，視野也會更加寬廣

踏上美業之路，

享受每個轉彎處的風景

自稱閒不下來的傅雪華，連生產後坐月子還沒滿月，就在客戶的聲聲催促之下，回到沙龍服務客人。在 2021 年疫情三級警戒期間，她報名了御品綉的機飄複訓課程，每天做功課到凌晨四點，透過線上平台，每天交出的作業都被講師嚴厲地審視批改，整整一百二十天的訓練，讓傅雪華的操作功力又更上一層樓。

「每報名一次課程，就要把它視為一次打掉重練的機會，放掉自己心中的定見，專注地吸收老師給予的所有。」就像再資深的主廚，面對沒有接觸過的料理風格、食譜及烹調方式，不能一味地留在舒適圈，依照自己習慣的模式來操作，美業人員，也要有隨時隨地打掉重練的覺悟。

「美業就像一個巨大的齒輪，身處其中，你唯一的選擇就是繼續轉動、不停歇地往前走。」傅雪華表示。「如果現在把我放到一個豪華海景飯店，命令我開始放空休息，不准工作，我的思緒還是會一直飄走，想著要報名什麼課程、還有學生問了什麼問題等等。」她笑稱，習慣高轉速的產業生態，反而覺得停下來就會生病，更遑論思考什麼紓壓、放鬆的管道。

除了要吃苦耐勞、永不放棄之外，傅雪華也指出，身為美業的從業人員與經營者，難免遇到計畫趕不上變化的狀況，「我會建議新人多多思考，當執行出來的成果，跟你預想的不一樣時，你該怎麼辦？多多沙盤推演。」所謂計畫趕不上變化，

可以包含很多層面，例如：當紋繡施作過程中，發現上色效果不如原先所想；或是在年節旺季時，資深員工突然提出離職；又或是業績不如預期、顧客被競爭者帶走等。如何正面迎戰挫折，調整心境，也考驗著每個從業人員、創業者的身心修為。

「以我自己為例，剛創業的時候，專注地燃燒自己照亮客人，每天可以服務五、六組以上的客戶，那時候我腦中所想的，只有要怎麼服務好眼前的客人。但過了十幾二十年，長期彎腰低頭施作，身體也開始出現了一些警訊，這就是我碰上的課題，我會開始思考，該怎麼整合長年累積出來的優勢，擴大卡奇雅這個品牌，跟我自身的正向影響力。」傅雪華補充說明。

「多年來我碰到形形色色的客戶、同業、學生等，每個階段的相遇都是收穫，例如與同業切磋討論技術上的問題，客人也會熱心提供商業經營管理的心法，教學的現場經驗，與學生的反饋，也能提醒我該怎麼廣泛地思考，提升整體產業的競爭力。」她認為，在職涯中碰到的各個轉折點，都是滋養她如今能夠扮演好多重角色的養分。

傅雪華表示，這個行業沒有一成不變、安穩等退休這種事情，既然如此，在職涯的每個轉彎處，花一些時間思考應對策略，欣賞並感激當下那個努力的自己，才能讓自己的見識與修養繼續往高處走，如活水般讓自己的人生更豐富多彩。

經營者
語錄

努力的付出叫作夢想，
不努力的就是空想。
激勵、堅持、前行，
致充滿正能量的自己。

卡奇雅 Spa 美妍館

公司地址 | 台中市西屯區西屯路 2 段 291-8 號
聯絡電話 | 04 2451 9811
Facebook | 卡奇雅 Spa 美妍館 美睫 美甲 美容
Instagram | @Kachiya24519811

BC 半永久紋繡

”

讓身心都變漂亮的
魔法紋繡

BC 是英文 Beauty Club 的縮寫，跟創辦者的心意一致：漂亮的俱樂部，而「半永久」則是紋繡能保持一到三年不等，可以隨著年齡與流行趨勢，跟著改變眉型與顏色；外頭的招牌使用黑色系 Logo 加上繡眉的筆，凸顯行業專業質感的特性以及創業者貝兒低調內斂的個性，愛漂亮的她，希望能一直維持最佳狀態，即使素顏也美美的，並將這種美的初衷延續給顧客。

關於
BC 半永久紋繡的

品牌走向

BC 半永久紋繡成立四年，創辦者貝兒一直從事美容相關行業，她直言自己非常愛漂亮，但碰到許多客人都有不知該如何畫眉的困擾，而她能幫得上忙，因此品牌應運而生，Beauty Club 所表現的，不管是從創立品牌、色料工具、理念，都有想著讓顧客變得更好的寓意。

BC 半永久紋繡採用客製化的方式，飄眉是用一根一根的線條，繡出如同原生眉毛一樣的眉型，而霧眉則是用眉粉作線條，像是剛畫完眉毛的樣子，在客層的選擇上，貝兒觀察到：「女生通常比較多選擇霧眉、男生則多選擇飄眉，但不管選擇哪種方式，最終目的都是讓人一眼就覺得好看、有精神，有一些客人眉毛稀疏，或是偏向垂垂的八字眉，看起來氣色不好、缺乏朝氣，做了調整之後，客人滿意我也開心。」

隨著時代的潮流，會紋繡眉毛的不只是女生，也不限於愛美的男生，一般的男性也是主客戶群，有超過三成的比例，「很多男生發現繡完差很多！男生不能大肆畫眉毛、化妝，因此做完眉毛完會發現臉部的樣子改變很大。」提到男生跟女生紋繡完眉毛的差異？貝兒則有自己獨特的看法：「不能將女生的眉型做在男生上，會顯得很奇怪、不夠陽剛，因為大部分的男性客戶，都會希望做完眉毛看起來是有氣勢、有精神的。」縱使手法一樣，但眉型卻完全不同、深淺色度也有差異，即使是陰柔的男性，也會希望做出有精神的眉毛，不過還是會依照客製化需求，沒有一定，如果客戶是適合柔和的眉毛，還是會做彈性調整。

打造明亮寬敞的服務空間，一目了然的大鏡面設計

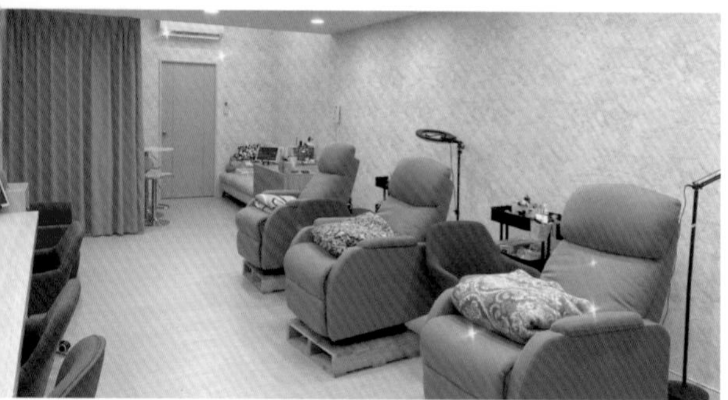

貝兒開店時想設計一進來就感覺很亮、很舒服的紋繡空間，因為客人被服務的時間都很長，需要適當的放鬆與休息，因此採用鮮明寬敞的室內空間以及明亮的採光，牆壁是白色大理石的樣式，並設有沙發區與客戶等待區。

在這樣的空間中，客戶不僅覺得安心，也能明顯感覺紋繡眉毛前後的差異，特別得是，這裡有一面大鏡子，可以讓顧客看到自己整體的樣子與適合的搭配，這樣比較能聚焦在眉毛上的差異性，有別於一般的小鏡子只能看到五官，因此貝兒選擇這面大鏡子就別具意義：「有時候單看眉毛是好看的，但搭上五官又可能會有違和感，臉的大小與眉毛的弧度、粗細都是需要比對的，因此我們採用大面鏡子，可以用最佳角度去審視眉毛在五官與整體比例上的協調度。」

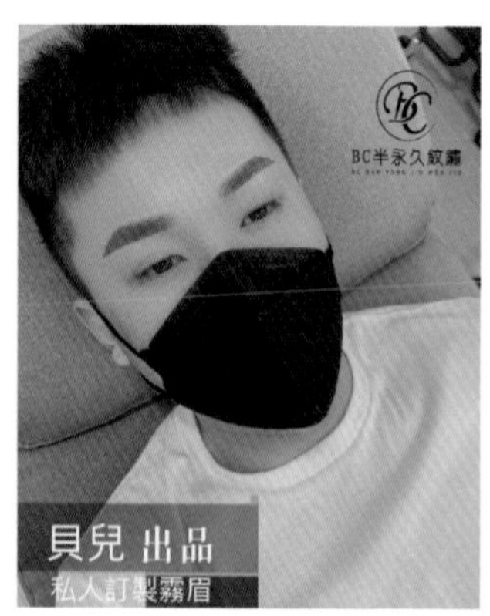

圖上｜BC 半永久紋繡打造明亮寬敞的無壓力空間

圖下｜店內會遵照客人的想法以及適合的眉型，做彈性的調整

紋繡風格的確立：對稱與協調很重要

紋繡操作前的諮詢是非常重要的，諮詢時會先溝通眉型、畫眉型，確定所有調整細節都完備，才會開始進行紋繡，諮詢前也會提出整張臉的特徵與問題所在，像是眉骨的高低、以及適合操作的眉型等等。貝兒通常一眼就能看出適合的位置，所以諮詢時間都會在十分鐘以內結束，接著就是一邊做一邊調整，貝兒回想起入行不久的自己：「在初期的時候，我也有面臨到怎麼看都不對勁卻說不上來的過程，這時我就會思索比較久才下筆，也曾拿出相機拍九宮格後才比對出來，這也是後來延伸成教學的項目之一。」在做了幾個客人之後，貝兒本著敏銳的眼力與感官，摸索出對稱度與眉型的手感，接著很快漸入佳境，在操作上也事半功倍。

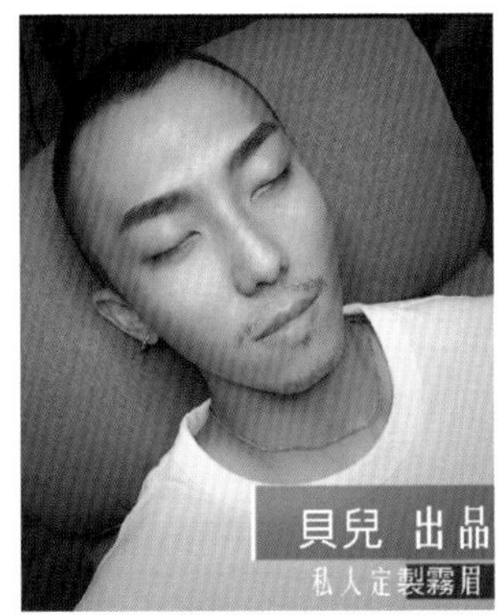

紋繡眉毛要搭配臉型與風格，貝兒進一步解釋：「如果走歐美風，弧度就要做大一點，如果是一般的上班族，弧度就不適合太大，必須了解顧客適合的狀態，通常操作前會讓顧客提供平日喜歡的類型，再依照取向來做設計。像是如果客戶想要調整成挺眉，則以慢慢微調的細緻手法，讓客戶找出自己最滿意的弧度，而需求上則是依照客戶喜愛的眉型為主。」BC 半永久紋繡會依照過往的經驗與美感，提供客戶意見參考，像是臉大的人設計傳統的平眉，反而會讓臉看起來更外擴，這時可以調整為：從中間做弧度，做成平弧的眉毛，整體是平眉，但看起來卻不像是韓式的一字眉，採用比較靈活俐落的手法來操作。

貝兒指出，通常會做韓式眉型的人，都是客戶主動要求的，平眉適合標準臉型或是瘦長臉型，大臉做平眉，視覺上會拉得更寬。如果碰到完全沒想法的客戶，也能依照臉型與外表去做適當的設計；即使想要兩邊眉型做得高低不同也可以，但眉型一定要差不多，如果有些客人眼睛高低差很多，又要做對稱的眉毛，眼睛眉毛的落差距離可能會很大。有的人會選擇要調整成五官協調，但也有人想保持對稱，不管如何，貝兒操作前都會先畫給客人看，大部分客人本來不清楚自己臉部有落差，畫了對稱眉毛之後才發現有歪斜、大小眼的情況，透過做眉毛的過程，反而能更認識自己。

關於服務項目：
紋繡與教學

BC 半永久紋繡主打紋繡眉毛、眼線，也提供繡唇、接睫毛、皮膚覆蓋術等服務，以及各類教學課程，貝兒說明：「繡唇算小眾，如果膚色沒太黑或太白，就較少有需求；想要讓眼睛更大更有神，就會選擇做眼線，而大部分的人都比較重視眉毛，所以眉毛紋繡是最熱門的服務。皮膚覆蓋術則是針對修飾妊娠紋、肥胖紋的技術，依照膚色在皮膚上做一個覆蓋，會用精密儀器去測試妊娠紋旁的正常皮膚，挑色完畢後施行在皮膚妊娠紋上，術後恢復效果就跟正常膚色差不多。」

在教學上，目前 BC 半永久紋繡的紋繡課程非常熱門，手把手教出不少學生，貝兒在教學上也有獨到的見解：「其實沒有經驗的學生不少，也有去別人那邊學過、想再精進技術的學生，我們通常都會在過程中不斷矯正，學過的人一定是有過不了的坎，才會再來學，因此可以一起觀摩，看看問題的癥結點在哪，我們會根據每個學生不同的狀況去設定教法。眉毛紋繡的教學時間是三天，時間內一定能學得會，技術都是一樣的，但後面要做得好，得靠多練習才會熟練。」

圖上｜紋繡教學也是 BC 半永久紋繡的主要服務項目之一

圖下｜除了眉毛紋繡，店內也提供繡唇的服務

客戶經營守則：
專業技術與日常行銷並重

貝兒的客戶走向，有一部分是顧客自主介紹的，由於客戶偏向年輕族群，也感到親切，因此都很願意幫她介紹客人，眉色變淡也會定期回來補繡，貝兒進一步說明紋繡代謝週期：「回頭週期是一年多，因為眉毛一變淡，眉型會跑掉；而不想自己畫眉毛，就會想回來補色，每個人紋繡後的留色度不同，這與皮膚代謝與日常保養有關，一般來說，毛孔粗大、油性、敏感性肌膚顏色都比較容易被代謝，如果常去做臉、擦酸類保養品，代謝也會比較快，而一般與乾性膚質就可以維持比較長的時間，一般來說是一到三年不等。」

圖｜貝兒在經營客戶上，以日常的分享與共鳴性為主

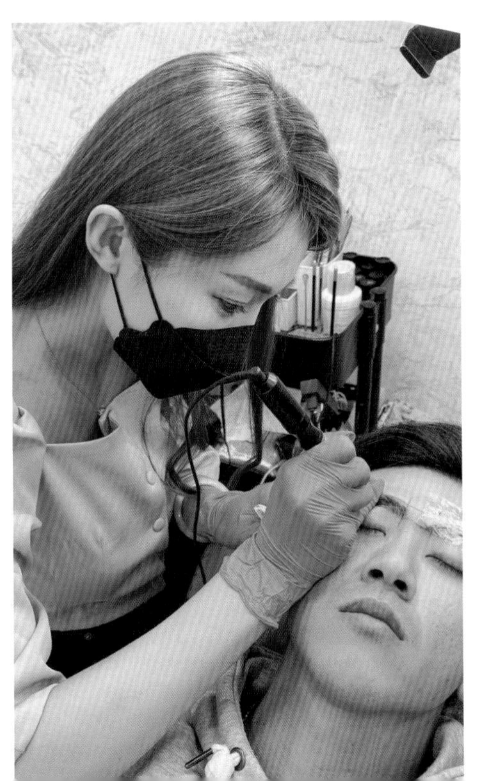

網路行銷的方式則不只是靠打廣告，貝兒提及自己也常常做聊天互動，每天更新自己的狀態、觀點、想法、價值觀，並分享生活，在網路上與朋友做互動，讓喜歡看限動的粉絲增加黏著度，當粉絲養成習慣，本來沒注意到的客層都可能前往消費。如果只有作品，可能未必會放心，但當看到操作者頁面，也是自己喜歡的風格，透過觀察操作者的生活方式，也會漸漸提高信任度，當有了這個想法：你是個有趣的人、我對這個觀點有共鳴，客人就會降低防備心，說到這個，貝兒回想道：「有個客人關注了我三年才來，剛開始可能會害怕，因為沒做過這個技術，所以這一塊也需要時間磨合。」

Q 服務定價方式？

目前我的定價方式是這樣：霧眉八千、飄眉一萬、眼線五千五、霧唇一萬五，一開始我們就有蒐集其他紋繡店的價格，再評估客戶可以接受的範圍，隨著資歷與技術再做調整，這在業界中屬於中等的合理價位。通常紋繡有一定的行情，太便宜人家會產生質疑，像是：可能是新手、用料不佳等等，有一定消費能力的顧客看到便宜會害怕。我剛開始做紋繡，價格在六千上下，每年的客戶量達標，隨著技術與材料越用越好，價格也會往上調，而且我現在有在做教學，如果自己當老師還要收行情以下，那一定會被說話的。

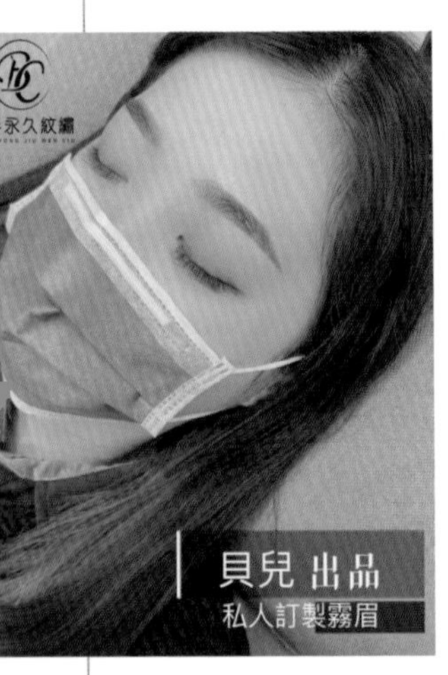

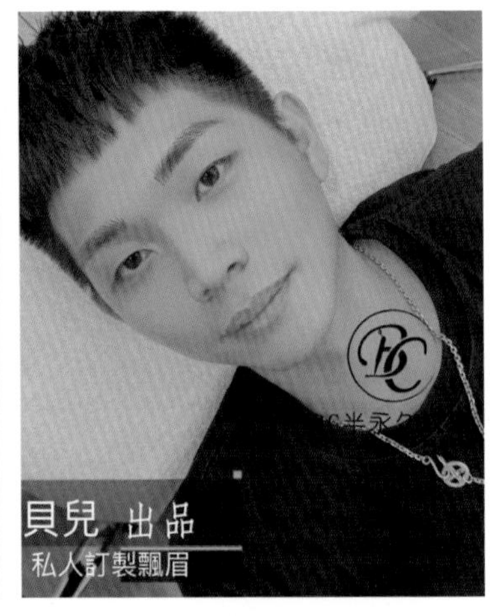

圖｜
BC 半永久紋繡屬於
中等價位的合理定價

國際裁判聘書

INTERNATIONAL REFEREE LETTER APPOINTMENT

茲敦聘 潘明慧 君為本會辦理
2021 年 CBC 國際美業技藝大賞
此聘

紋繡總監察長

This Certificate is presented to your appointment as a General Inspector member at the 2021 CBC International Beauty Skills Awards.

理事長 江清華

110 年 11 月 26 日

圖｜
除了證照與檢定外，
貝兒也熱愛不斷進修
精進紋繡技術

創業的契機

來自簡單的初衷與危機意識

回想創業的歷程，貝兒娓娓道來：「大約五、六年前紋繡剛興起，我就對這方面很有興趣，認為這是會讓人變漂亮的技術，於是就找了幾個老師開始學習，只要看到作品不錯的老師，都會進修，直到現在還是每年都會去上課。」貝兒很有求知慾，因此除了有各種證照，也曾擔認CBC國際美業技藝大賞的紋繡總檢察長。

創業前，貝兒的正職是幫人做美睫，下班則會兼差接紋繡，當時她家中有個小空間，放個美容床就可以施作紋繡，她提到，做這行靠技術，本來就不需要太多硬體設備，而當時紋繡的客源來自於原店以及朋友轉介，也陸續在網路發布自己的作品，後來發現紋繡越接越多，心裡想說：「自己出來做也不錯，不必給老闆抽成。」後來她又發現，睫毛已經逐漸式微，不像以前可以收到高單價，以前每次消費三、四千，用根來計算，現在是分為濃密款、自然款，直接買斷。加上客人也逐漸變少，於是她開始產生危機意識，決定要換個出路，而當時兼職做紋繡，除了會自我精進，也觀察到顧客看到成果都很開心，因此她從中找到自我價值。當時原公司合約也到了，可以開始全職衝刺自己的紋繡事業，架設自己的工作室，「那時候都是做網路生意，營業近兩年都沒有招牌，後來顧客越來越多，怕找不到才設立招牌。」貝兒補充。

貝兒從做美業的歷程觀察到，以前在做美甲時，發現客人並不忠誠，給誰做都可以，指定客不多、散客卻很多；後來改做美睫後，發現這行黏著度高很多，因為接得好接不好有差異，又是臉上的功夫，轉換到紋繡的黏著度就更高了。因為價格不斐，決定要給誰做就會謹慎考慮，顧客一但產生信任感，只要沒有讓他們失望，就會繼續回來消費，簡單來說這是一門別人搶不走的生意。因為紋繡是做在臉上，顧客會格外留意，不像指甲或美髮給別間店做了不錯，就有機會離開，因此紋繡算是一門可以長久經營的生意。

Q 開業初期是否有碰到困境？

因為我不是從零開始，是有底子的且做好了萬全的準備、確定客戶量可以支撐收入才開業，自己做收入確實是更好更高，但是當老闆就沒辦法跟著上下班打卡走人，要犧牲很多休假與晚上的私人時間，還要煩惱客人從哪裡來、注意客人流量、還要未雨綢繆，一個人扛起很多事。行銷、編輯、排版、拍照……樣樣都要自己來，跟以前只要在店裡等客人時的工作型態差異蠻大的，不過靠自己的感覺還是很棒。

Q 一路走來的貴人？

我覺得客人就是我最大的貴人，在創業初期，本來沒有正常的來客量，當時有個客人幫我在 Dcard 發文，學生族群的接受度很高，因此來客量變高，也越來越多人知道我們店。就像區塊鍊一樣，我也開始有一些知名度，後來約客爆滿，甚至要約到兩個月後。其實剛開始自己摸索，本來操作時間很長，平均一個人要做三個半小時，處理三個客人就要花一整天的時間，後來熟練之後就只要花兩個多小時上下，終於可以接到四個人，過年這樣的極盛期甚至會接到七個客人，我是採取自主性強的創業模式，一切靠自己。

圖｜貝兒認為客人就是她的貴人

生命歷程之於紋繡

隨著時代脈動而走的人生觀

從很久以前就懷抱創業夢的貝兒，做了紋繡產業後，賺到錢並得到成就感，還能在外表與心靈幫助更多人，她深信：外表好看，心靈也會快樂，因此這種感覺就像是幫助一個人漸漸變得更好的過程；同時她也幫助許多想創業的人，學習到紋繡這門技術作為兼差或正職的收入。她是一個樂觀主義者，會順應時勢走，不會預設立場想一些不好的事，她認為隨著社會的變遷，流行的方式與思維也跟著轉變，要跟著時代的脈動走，否則就會被淘汰，因此到現在，貝兒還是保持每年去進修的習慣，除了紋繡、也會上一些心靈課程。

貝兒認為每個老師的概念相同，但手法技術有歧異度、觀點也不同，透過被指導，總是可以再思考自己的手法是否有再精進的空間，並且再強化理念，讓後續的學生更能聽懂。不過提到近期的進修，她坦言有碰到瓶頸，目前無法找到讓她能學習到更多不同紋繡技巧的老師，因為紋繡的趨勢是跟著外國走的，目前又因疫情無法出國進修，不過她還是會上一些線上課程學習歐美的手法。

在創業的過程中，貝兒認為自己透過人際相處，了解對方的家庭、人生觀、價值觀，客戶百百種，興趣也各有千秋，總是可以學習到不同的事物，即使是稀鬆平常的育兒知識，貝兒認為自己也能抱持著好奇心傾聽，藉由這個過程也更能拋下主觀意識，接受不同的人事物，「沒有跟人交談，可能只能一直照著自己的想法去做事，久而久之，別人說什麼也不容易接受了。」

Q 社群經營法則，增加黏著度的方式？

我會發一些比較勵志、可以產生共鳴的動態，因為一直發作品，粉絲看久了可能會滑掉，所以我可能會上午發心情、下午發工作交替，也可能發生活語錄、新聞時事與觀點，讓粉絲產生好奇心，甚至是共鳴。

年輕高顏質族群的吸引力法則：專業、真誠、不推銷

提到店家的區隔度，貝兒笑著說：「都是帥哥美女算嗎？」也許是吸引力法則，貝兒給顧客的感覺就是工作上專業，空閒時又懂得玩樂調劑，所以吸引的客群都很年輕，這些年輕的客人來店裡都會拿一些漂亮的照片提供參考，她肯定地說：「來到我們這裡，可以做出自然的眉型，絕對不會像蠟筆小新一樣滑稽！」同時她也分享，當一對眉毛沒有漸層感，眉頭看起來比較深，就會顯得生澀不自然，BC 半永久紋繡可以做出深淺漸層又好看的眉型，是剛紋繡完，就可以出去見人那樣的好看，不會有黑得不自然的過渡期，過了結痂後的恢復期則會更好看，漸層的感覺也更明顯。貝兒也會贈送客人修護包做日後保養，內容物包含：棉片、棉棒、生理食鹽水與修護膏，讓客人減少疼痛的機率，也能加強修護，十分貼心。

由於BC半永久紋繡打造得是沒有壓力的互動與環境，也不願意推銷，其它店家則可能會要客人加購美容修護產品，提到這點，貝兒有些忿忿不平地說：「實在不了解為什麼客戶做完那麼貴的消費後，還要再多花錢，不是應該都附贈在裡面了嗎？真的超不合理！」因此即使店內有其他紋繡項目，他們也絕不開口建議，除非客戶有意願或自己聊到，因為貝兒本身就不喜歡推銷，店內也只放自己的色料與作品，不願意陳列其他保養品，杜絕任何推銷的意圖。

色料的選擇上，BC半永久紋繡則是使用檢驗合格、對人體沒傷害，又可以做出多種變化的色料，可以依照顧客的皮膚，做出適合的特色，貝兒提到最重要的一點是：「來我們這裡做不會發紅！以前的色料會發紅，那是因為色料本身就偏向紅咖啡色，裡面的紅色色素粒子多，而人體最難代謝掉的就是紅色，因此店內會偏向用灰咖、綠咖的色料，比較像毛髮的感覺，淡掉會呈現淡咖啡色，很自然沒有變成紅色眉毛的可能。」

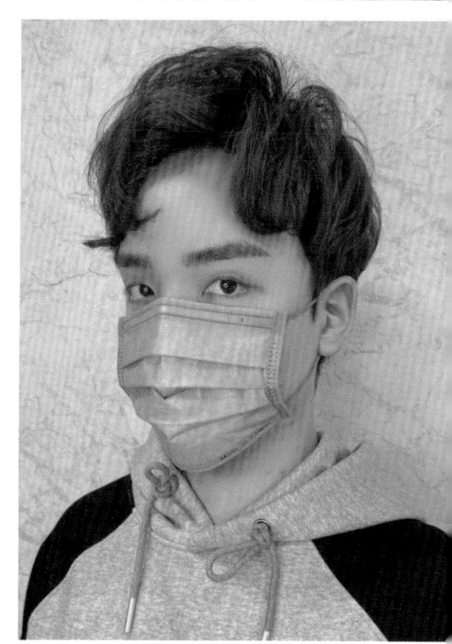

圖左｜ BC半永久紋繡名片
圖右｜ BC半永久紋繡吸引許多年輕的高顏質族群

分享內部管理心法

包括貝兒在內，BC 半永久紋繡共有三位紋繡師，一開始貝兒是一個人做，因為忙不過來，就找做美業的朋友來學，由於他們都是會化妝、對這個領域熟悉的人，年齡也差不多，所以好溝通並且也願意虛心學習。貝兒認為，很多人在學習第一步的時候，會很容易越級跳到第二步，顯得心急；而她的兩個員工都會願意把第一步穩紮穩打做好，才開始下一步，願意慢慢做調整，這讓她很放心，在訓練半年之後，也放心將客源分給員工，因此在管理上並沒有太多困擾。

唯一讓貝兒操心過的是，她自己一向很擅於跟客戶聊天，員工初期可能沒有那麼外向，因此剛開始客戶有不回流的情況，檢視後才發現，由於員工剛開始操做，客戶的信任感還不高，會害怕，而夥伴自己也比較不敢主動跟客戶聊太多，客戶少了交談上的親切感，有一點不滿意就會把情緒放大；當關係很好、聊天氛圍愉快的時候，即使服務少了一點點，也可以下次再補上，因此初期貝兒會督促員工多聊天，增加互動，員工自己也感覺相處起來有差異，過了前三個月的過渡期，後來就漸入佳境，直到現在。

圖｜ BC 半永久紋繡團隊

幫客人摸索合適眉型的過程，需要一點耐性

被問到是否有碰到特殊需求的客人，貝兒想了一下回答：「應該是不知道自己要什麼的客人比較多，像是有一位年紀比較小的客人進門，說想要歐美型，比較有點挑高的那種，但調整時又覺得畫太高，前後調整了一個多小時還是沒辦法調整到滿意的弧度，最後畫到變成平眉才看順眼，後來發現她就是適合平眉，只是自己一開始不了解。也有許多客人帶自己喜歡的眉型來做，又說明自己想要平眉，結果翻開照片看都是有弧度的眉毛，這個就是認知與需求有差異，所以會花比較多時間溝通。」

貝兒曾經遇過眉毛濃密沒有缺角的男客人要來做紋繡，結果馬上被她勸退：「你的眉毛多、眉型也沒問題，修一修就很好看了！」於是客戶就改為定期回來修眉，貝兒用具體行動表現「討厭推銷、服務實在」。

Q 經營危機與未來走向？

做我們這行，永遠要擔心客人不夠多，做紋繡不像一般美業，每個月、每季就可能會需要回來消費一次，我們是用年來算的，回來補色的消費又比較便宜，所以很吃新客。需要思考怎麼推銷、打廣告，目前希望透過課程教出更多學生，讓知名度提高，這樣也會有更多轉介的客源。未來我會想把紋繡品牌做得更穩更大，讓更多人知道，也希望增加幾個員工，下個月會增加采耳項目也會再思考其他的配套措施。

Q 做紋繡工作的技巧掌握？

因為紋繡的操作時間很長，彎腰、駝背、翹腳之類的姿勢，只做兩小時就累了，因此姿勢要正確，坐挺反而可以持續很久，也不會太疲，另外做完客人都要記得起來動一動。

Q 若不做紋繡會想做什麼？

還是會做美業，可能會做睫毛、指甲吧，也可能做醫美，當人家的諮詢師，這樣自己也可以用員工價做醫美，而且在諮詢的過程中跟客戶聊天，聊著聊著就能達成業績，感覺是個不錯的行業。

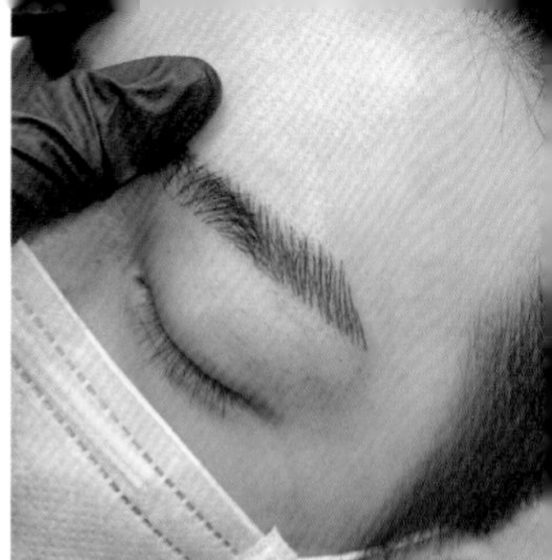

紋繡的
流行趨勢分享

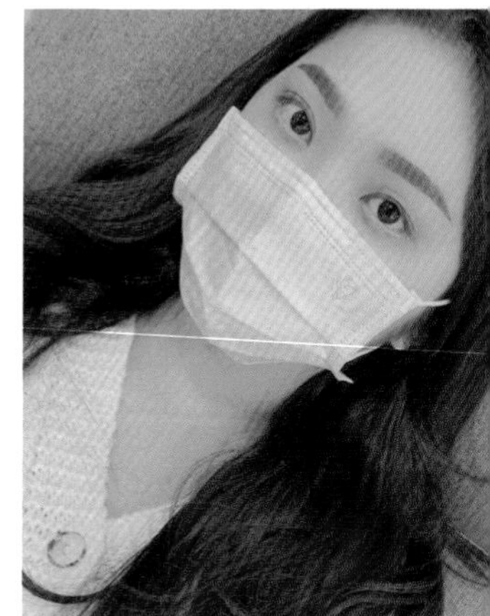

貝兒分享，前幾年的紋繡趨勢是流行平眉，有點偏暖色系、帶點紅的咖啡色，現在流行的眉毛是帶一點弧度的平眉，或是自然又稍加有一點高挑的眉毛，色調則是講求自然、更接近原生毛髮的灰咖色，也分享店內會用後期效果好的色料，就不會變成怪異的黑色。變黑看起來不自然，可能是手法、力道太重，深淺與比例調整方式都有影響，店內現在會用三到四種顏色做漸層跟明暗度的搭配；相較以前的技術只有單一顏色、頂多用兩個顏色，眉毛會比較有立體的感覺。

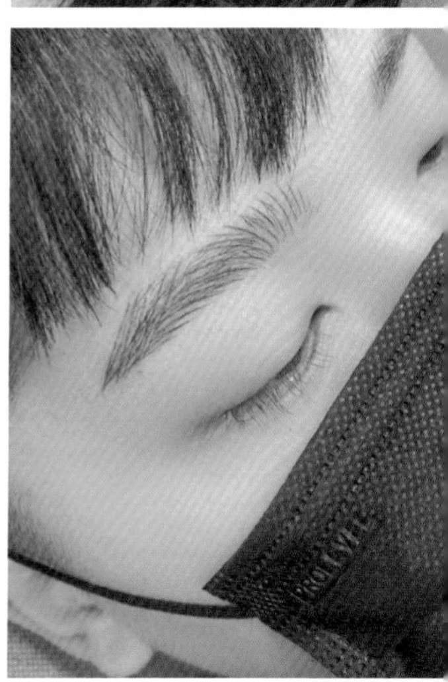

特別得是，BC 半永久紋繡從國外引進自己的針具以及機器，這樣眉毛可以用手工與機器交互操作，達到更好的紋繡效果，機器原理是用彈簧的力道來點刺，如同刺青的機器一般，使用後上色度跟留色度會提升，可以俐落扎到皮膚中，不會產生皮損，因此操作手法會更流暢，貝兒也提醒，當針不利時，施行力道會變大，就容易對皮膚產生傷害。

圖上｜貝兒在幫助客戶摸索自己適合的眉型上，也有一套自己的法則

圖中｜近年流行有弧度的平眉、以及接近原生毛髮的顏色

圖下｜店內獨家引進國外的針具與機器，能達到更佳的紋繡效果

初入行穩紮穩打，以龜兔賽跑哲學來應對

貝兒認為，第一次創業的人會特別理想化，預設自己應該可以做得不錯，但是一定得準備好技術、磨練好，才能開始進入紋繡這個行業。操作在臉上的東西，一旦沒做好，風評出去就會很糟糕，自然也搞砸自己的招牌。剛開始客戶量不足時，建議維持自己的主業，邊做邊回收，利用下班跟放假時間接客人。貝兒指出：「我蠻多學生都是這樣做的，因為很少有人一開始創業，客源就足夠應付所有開銷，一開始先把紋繡當成增加收入來源的管道，多練習技術，因為要完全上手需要很多時間。」

問到創業的成本？貝兒認為成本很低，只要有一間小房間，裡面有一張床跟檯燈，就可以開始，但是她也提醒：「不要小看這個技術活，一旦技術不夠就會很明顯，這樣即使收費再便宜，只要沒做好都會被嫌貴！因此一開始可以小規模操作，等上手了客人也多了，再考慮擴店，找到更好的環境，價格就可以再拉高。最後，心態很重要，只要穩紮穩打，就能蓋很高的樓；想要越級跳，就做不出好的作品，有些人學完不練習，急著想接客人，自然就做不好。

「堅持走這條路，即使沒有美感、慧根不高，只要多練習一定能學會的。」貝兒也發現，一開始學得好的人，很容易想越級跳，但後期可能會遭遇客人不同的狀況而無法處理，像是忽略不同客人的膚質，要用不同的手法，如果一直照著自己原本的思維，就很難接受新的觀點，一直用刻板印象去做那困難也會隨之而來；而穩紮穩打的人，遇到大問題反而可以克服，即使遇到皮膚狀態很差的人還是可以保持留色度。

經營者
語錄

“

事情還沒開始做，就別敗給自己想像出來的恐懼，去害怕那些你不知道的東西，在機遇面前抓緊一點，在相遇前變好一點，在今天珍惜一點，這是當下唯一能做的事。

如果你願意堅持，那些最初看起來很渺小的動作，將會成為不凡的結果。

BC 半永久紋繡

公司地址 | 高雄市左營區忠貞街 119 號 3 樓
聯絡電話 | 0973 077 720
Facebook | B.C 夢幻 lash nail 紋繡
Instagram | @dreamlash_nai

國家圖書館出版品預行編目資料：(CIP)

全台霧眉紋繡十大頂尖名師 / 以利文化作 .
-- 初版 . -- 臺中市 : 以利文化出版有限公司 , 2022.07
面；　公分
ISBN 978-626-95880-1-5(精裝)

1.CST: 美容 2.CST: 化粧術 3.CST: 創業

425　　111007634

全台霧眉紋繡十大頂尖名師

作　　者／以利文化
企劃總監／呂國正
撰　　文／江芳吟、方心逸
校　　對／王麗美、陳瀅瀅
編　　輯／呂悅靈
排版設計／洪千彗
出　　版／以利文化出版有限公司
地　　址／台中市北屯區祥順五街 46 號
電　　話／ 04 3609 8587
製版印刷／昱盛印刷事業有限公司
經　　銷／白象文化事業有限公司
地　　址／台中市東區和平街 228 巷 44 號
電　　話／ 04 2220 8589
出版日期／ 2022 年 7 月
版　　次／初版
定　　價／新臺幣 550 元
I S B N ／ 978-626-95880-1-5